自主學習　創新思維

Science
Technology
Engineering
Art
Mathematics

STEAM
跨領域實作課

編著・STEAM JAPAN 編輯部

插畫・角裕美　　翻譯・李彥樺

審訂・李璿（臺北市立民權國小自然老師）

　　　胡裕仁（國立新化高中數學教師）

前　言

　　10年後，世界會變成什麼樣子？

　　近年來社會發展不斷發生巨大變化，而且未來變化的速度不僅不會變慢，還會越來越快。進入AI時代，一切按照規則的單調工作遲早會被淘汰，因為未來世界所需要的人才，必須能夠自己發掘問題，活用各種知識和技能，與其他人互相合作，為事情找出解決的辦法。此外，還必須能夠讓既有的知識與技術更上一層樓，創造出全新的視野。

　　STEAM教育的目的，正是為了培育這樣的人才。我們認為STEAM教育會越來越重要，所以在2019年創立網路媒體「STEAM JAPAN」，向全世界發送STEAM的相關訊息；接著成立社團法人STEAM JAPAN，積極投入各種活動，例如協助日本各地方政府培育STEAM人才，以及舉辦以教師為對象的STEAM教育研習講座等。

　　在這些活動中，我們深刻感受到，要在日本開創一套新的學習模式，孩子每天所接觸的老師和家長的配合是不可或缺的環節。老師和家長必須保持更柔軟的心態，才能看穿「未來的孩子真正需要的是什麼？」這個問題的本質。

　　最好的證據，就在於發展出STEAM教育的歐美國家，已經非常習慣於將「解決問題」與「創造新事物」當作孩子的家庭作業，或是在家裡舉辦STEAM教育的活動。本書亦是抱持這樣的理念，希望讓更多的親子實際體驗STEAM教育的魅力和樂趣，於是從全世界網羅各種馬上就能施作的STEAM活動，並加以調整，使其在家庭裡也能輕易執行。

　　當孩子們全心全意投入於STEAM活動中，親手創造出各種事物，那扇好奇心之門澈底開啟的時候，他們的雙眸必定是炯炯有神，閃爍著燦爛的光輝。這樣的孩子，將能夠在這個找不到答案的時代裡，秉持著信念找出「屬於自己的答案」，以最堅定的意志創造出全新的未來。

　　讓我們一同進入新的時代，嘗試新的教育吧！但願本書能夠成為讓你跨出第一步的契機。

STEAM JAPAN 總編輯
井上祐巳梨

目次

第1章 現在就能開始！ STEAM 入門實驗……11

何謂 STEAM 教育？

「感到新奇有趣」是「想要嘗試看看」的起點

　　「 STEAM 」是由科學（Science）、技術（Technology）、工程（Engineering）、藝術（Art）、數學（Mathematics）五個英文詞彙的第一個字母組成。所謂 STEAM 教育，指的就是將過去各自獨立的數理領域融合在一起，以實際體驗為主軸，進行跨學科學習的教育方針，此外還加入創造性教育的理念，追求「探究與創造的無限循環」，時至今日，這樣的理念在全世界受到廣泛重視。

　　孩子們未來所生活的時代，必定會因 AI 等科技的發展而快速變化，還必須面對疾病的大流行，氣候變遷等全球規模的重大議題，這些都是以前不曾經歷過的難關。因此，我們當務之急是訓練孩子獲得前述五大領域的知識與技術，並且能夠加以綜合運用，讓他們在未來的現實社會裡擁有解決問題的能力。

　　傳統的教育總是告訴孩子「正確答案」是什麼，但 STEAM 教育重視的是讓孩子產生「新奇有趣」的想法，並以此為原動力，自行探究知識，自行發現疑點和課題，自行「創造」出專屬於自己的答案或解決方法。如此一來，孩子才能擁有開拓未來、創造變化的能力。

STEAM 教育內涵

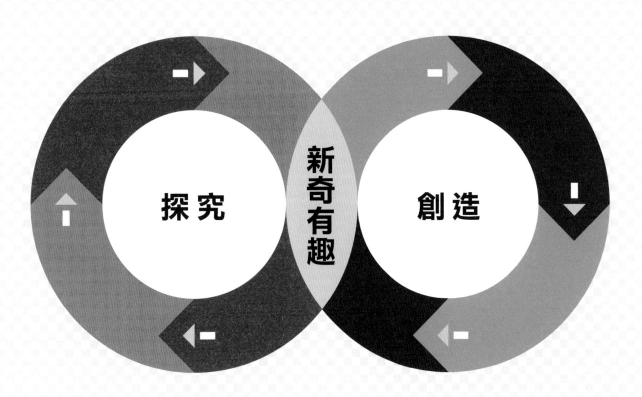

探究　新奇有趣　創造

學校教育將會發生變革？

STEAM 教育的前身，是重視理科四大領域的 STEM 教育，這個概念是由美國在2013年提出，當時為了解決理工科人才不足的問題，歐巴馬總統宣布以強化 STEAM 教育作為國家策略，受到全世界的關注。後來又加入了有助於培養創造力及多元觀點的 Art，各國開始發展出屬於自己的一套 STEAM 教育。

臺灣也在教育部的主導之下大力推動 STEAM 教育，例如許多國小中高年級的孩子也在學校中接觸程式設計課程，程式設計重視的並不是讓孩子學會艱深難懂的程式語言，而是讓孩子熟悉「STEAM 教育育式的學習態度」。希望透過程式設計課程，讓孩子學會將各科目的內容靈活整合在一起，培育出在不斷嘗試的過程中尋求解決方法的能力，以及思考如何靠現有的技術解決問題的想像力。

在家中也能實踐STEAM教育？

STEAM 教育在家裡就能做得到嗎？或許你會對此抱持懷疑。事實上，幼兒待在家中的時期，正是施行 STEAM 教育的重要階段，有很多目標只有在家中才能實現。

讓孩子「全神貫注於遊戲中」，正是最好的例子。在享受遊戲的過程中，孩子就會忘記時間，依循自己的步調不斷嘗試「這麼做會有什麼結果」。就算結果不如預期，孩子也不會氣餒，他們會繼續嘗試其他做法，這個過程就能逐漸培養出探究之心。因此，本書中所介紹的各種活動，在孩子們眼裡都會是一個又一個有趣的遊戲。

另外，還有一個只能在家中實現的目標，那就是「必須在上小學之前開始」。讓孩子因學校教育而產生數理各科目的刻板印象之前，多累積「我喜歡做這件事」、「製作東西好有趣」、「原來創作可以這麼自由」之類的實際感受，對孩子接下來的成長將有非常正面的幫助。家長不必站在教導的立場，而是以玩伴的身分陪伴著孩子，與孩子一同挑戰新奇的事物。有時一起煩惱，一起解決問題，守護著孩子經歷一次次小小的失敗和成功。

以好奇心為起點，盡情探索與追求的過程中，孩子會自行深化學習的收穫。遊戲與學習是一體兩面的事，守護在孩子身旁的家長只要能夠抱持這樣的觀念，隨時隨地都可以開始 STEAM 教育。最後，家長們必定會驚訝於孩子日益提升的專注力，以及自由自在的想像空間！

■ 本書使用方法

本書從世界實踐的 STEAM 活動中，嚴選特別有趣且有助於讓孩子自行探究與創造的活動。就算不按照順序操作本書也沒關係，只要從任何一個讓孩子感覺「好像很有趣」的活動開始即可。

❶ 此活動主要與 S、T、E、A、M 中的哪一個領域有關。

❷「難易度」和「所需時間」只是參考值，困難的程度可以依家長的參與程度進行調整。

❸ 此處介紹活動做法和步驟，如果孩子有自己的想法，想要改變做法或嘗試各種不同的方式，家長請務必尊重。

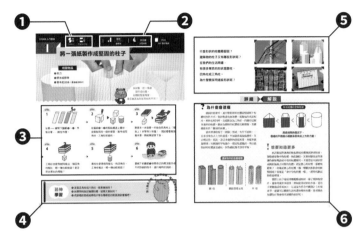

❹ 此處的延伸學習資訊，有助於在活動中加入一些變化，或是讓活動有更進一步的發展。如果孩子產生了「想要更加深入」的想法，請務必和孩子一起嘗試看看。

❺ 為了讓孩子在活動中產生更大的樂趣或擁有更大的學習收穫，家長可以利用書中引導的句子來詢問孩子，作為探討實驗的話題，也可以親子一同閱讀此處文字。一旁搭配的實際圖片有助於拓展孩子的想像空間。

❻ 此處的詳細解說是給家長參考的說明文字，「為什麼會這樣」解釋了活動的背景和原理，「想要知道更多」則提供與現實社會的關聯和延伸知識，以及讓孩子能夠有更多探索空間的提示。

第1章 **現在就能開始！ STEAM 入門實驗**
剪下書末（P.81～112）的「DIY實作圖紙」，馬上就能開始的活動。

第2章 **在家也能學習！ STEAM 理科養成**
使用家裡現有的物品，或是可以輕易取得的工具，感覺像在家裡做實驗的活動。

第3章 **自由研究時間！ STEAM 任務挑戰**
只有「任務」和「規則」，沒有標準答案，孩子必須自行想辦法解決問題或創造事物的活動。

※本書中各活動的排列順序，依循的是各領域的相關性，以及孩子對原理和機制的理解狀況。此外，困難程度會依照第 1 章、第 2 章、第 3 章的順序提升，但不管從任何一個活動開始嘗試都沒有關係，最重要的是維持讓孩子感覺「新奇有趣」的心情。

附錄 **STEAM 實驗記錄本**

進行第 2、3 章的活動時，可以用這本筆記本來記錄活動內容，或是當活動結束時，能夠透過記錄來回顧與加深記憶。孩子可以自由寫下自己的點子、設計或其中的各種新發現。沒有任何強制規定，孩子可以自由運用。

家長的 ♥ 態調整

① 孩子和家長是對等的同伴關係

　　大人擁有較豐富的知識和經驗，對於孩子的做法或想法或許會忍不住提供意見，甚至從頭到尾都站在指導的立場。但在操作本書時，建議家長可以試著配合孩子的想法、行動和步調，一同抱著挑戰的心情，把自己當成孩子的「陪跑者」或「遊戲玩伴」，不要對孩子有任何「強制力」，任憑孩子自由發揮與變化，對於孩子做出來的成果，也盡量不要做出任何評價。

② 不強求讓孩子理解，也不必教導孩子

　　「詳細解說」雖然提及活動的基本原理和知識，但這只是給家長參考的補充說明，家長不必刻意教導孩子，也不必強求讓孩子理解。當孩子提出疑問時，家長不用直接告知答案，而是應與孩子一起思考。「詳細解說」的內容，可以當作想要更進一步探討時的方向。當孩子提出書中沒有提及的問題而讓家長感到意外或想不出答案時，家長可以將此問題當成一個很有趣的主題，陪著孩子尋找答案，或許能夠有新的發現呢！

③ 將失敗視為契機

　　挑戰新事物時，剛開始不順利是理所當然的。孩子可能會發生操作錯誤或結果不如預期的情況，這時反而應該當成學習的最佳機會。家長可以試問孩子，做出什麼樣的改變能夠讓結果更好，或是在這次的失敗中有什麼新發現；而且活動步驟所寫的做法並非絕對，孩子若想嘗試其他做法，只要在能安全操作的範圍之內，家長應加以尊重。此外，家長可以試著營造出「就算失敗也沒關係」的氛圍，一但孩子克服了難題，順利實現某些成果，家長也應與孩子一起感到開心。

④ 落實在日常生活中，強化學習深度

　　如果孩子在活動中產生疑問，或是有其他發現，家長不應讓學習就此結束，而是要將相同的心態投射在日常生活上，正視孩子的每個疑問和發現，例如，那棟建築物為什麼會是那個形狀？這片樹葉為什麼會有這種氣味？那些泡沫是怎麼來的？孩子若能經常抱持這樣的疑問，嘗試自己找出答案，學習的機會一定會大幅增加。因此，將書中的每個活動作為切入點，連結日常生活，善加活用本書的各種提問、照片，以及詳細解說的學習提示，帶給孩子更多思考的機會。

❺ 合作、記錄與回顧

　　本書中的活動可以由一位孩子搭配一位大人進行，也可以找孩子的兄弟姊妹或朋友一同參與，特別是有些活動追求的是由一整個團隊共同挑戰一項課題。在這些討論的過程中，孩子會發現自己與他人的想法差異，學會活用各自的優點，體會到透過合作解決問題的喜悅。此外，要讓孩子確實記錄活動中的各種發現或發明，不管是使用圖畫、文字或照片等各種形式皆可。在結束後建議安排回顧時間，透過回顧實驗過程，孩子才能獲得省視的視野，對整體活動有更加明確的概念。因此，建議務必善加運用附錄的「STEAM實驗記錄本」。

道具和材料

　　本書中所使用的道具和材料，沒有必要過於講究或挑選。如果家中沒有，就到百元商店或超市購買吧！

關於「食用色素」

第 2 章的活動經常需要使用食用色素，如果住家附近的商店買不到，建議可以上網購買。市面上販賣的大多是粉狀的食用色素，但是對孩子來說，像照片這種液體狀的食用色素會比較好操作。
※小提醒：在活動21「將花卉和蔬菜染成各種顏色」中，如果使用粉狀的食用色素，可能會因為色素內所含的澱粉導致不容易為植物染色的狀況，所以建議使用液體狀的食用色素。

各個活動的共同注意事項

☐為避免發生意外，請家長務必陪同孩子一起進行活動，確保孩子在家長的視線範圍內。
☐如果必須使用刀片，務必在家長的監督下進行。家長若覺得交給孩子操作會有危險，可代為操作。
☐處理高溫物體時要非常謹慎小心，避免燒燙傷。
☐處理平常不太會接觸的物質時，必須戴上手套和護目鏡，保護雙手和眼睛，此外也要注意不要沾到嘴巴或衣物。
☐在戶外必須遵守公共的道德規範，家長應該提醒孩子不能隨便傷害動植物，也不能將公共物品帶回家。
☐使用易破損的廚房器具或餐具時，要特別謹慎小心。
☐活動中使用的東西如果要丟棄，必須依規定進行垃圾分類或資源回收。
☐讀者使用本書進行操作的一切結果，作者與編輯部不負任何責任。

STEAMO 角色介紹
在本書中陪著大家一起冒險的小夥伴們

小歐
可以將大家感到好奇的事情，以影像的方式呈現出來的輔助機器人。

小忍
能夠施展各種科學招式的忍者機器人。動作非常敏捷，擅長把感到懷疑的事情說出口。

狸貓
個性開朗、朝氣十足的狸貓機器人。最喜歡新奇的事物，一發現就會研究個不停。

阿比
擁有很多隻手腳，總是忙個不停。身體能夠發出樂器的聲音來表達心情，擅長畫圖和作曲。

伊姆茲先生
身體很高大，動作很緩慢，性格溫和。擁有非常靈巧的手指，喜歡製作對大家有幫助的東西。

馬修
性格有些古怪，卻有顆善良的內心。喜歡動腦，經常在想事情。

第 1 章

1

現在就能開始！
STEAM 入門實驗

只要剪下P.81～112的「DIY 實作圖紙」，就能開始體驗 STEAM 活動！
需要準備的東西很少，但內容豐富，快來體驗新奇有趣的活動吧！

將一張紙製作成堅固的柱子

所需物品

● 剪刀
● 膠水或膠帶
● 書本約20本（重量盡量相同）

試試看，把一張紙製作成柱體。柱體的堅固程度，是否會因為形狀而有所不同？

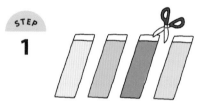  

STEP 1

沿著——線剪下圖紙❶～❹，然後沿著----線往外摺。

STEP 2

在圖紙❶～❸的黏貼處塗上膠水，並黏貼到另一側的背面，製作成四角柱、三角柱和圓柱。

STEP 3

將書本一本接著一本放在四角柱上（每放上 1 本等待 5 秒鐘）。測試看看能放幾本書，將結果記錄下來。

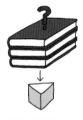 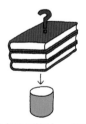 

STEP 4

三角柱也使用相同做法。和四角柱相比，哪一種比較堅固？是否符合原本的預期？

STEP 5

圓柱也使用相同做法。和四角柱、三角柱相比，哪一種比較堅固？

STEP 6

將剩下的圖紙❹依照自己的想法製作成不同形狀的柱子，進行相同的測試。

延伸學習

● 若是五角柱或六角柱，結果會如何？
● 如果同時放好幾個柱體，結果又會如何？
● 用家裡的色紙或明信片等各種厚度的紙張測試看看吧！

放上書本之前，先猜猜看哪一種柱體最堅固！

什麼形狀的柱體最堅固？

建築物的柱子又有哪些形狀呢？

在我們的生活周遭，

有很多東西的形狀是圓柱、

四角柱或三角柱。

為什麼要採用這些形狀呢？

詳細 ▶ 解說

❓ 為什麼會這樣

　　測試的結果中，是什麼形狀的柱體最堅固呢？柱體的形狀不同，堅固程度也會改變。當斷面的周長相同，材料也相同時，比起斷面為三角形、四邊形這類多邊形的柱體，斷面為圓形的柱體會比較堅固，其關鍵就在於「斷面的邊長」。

　　當非常薄的板子（紙張）形成一大片平面時，一旦承受來自正上方的重量，平面就容易扭曲變形，失去穩定性。因此，若以多邊形的情況來看，角越多就越堅固；而側邊的平面越小，穩定性就越高，所以最堅固的柱體就是圓柱，因為圓柱幾乎沒有平面。

中空柱體的堅固程度

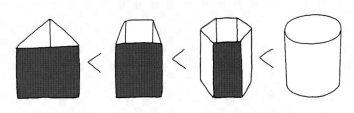

周長相同的情況下，
側邊的平面越小越能承受來自上方的力量！

❗ 想要知道更多

　　此活動是將薄薄的紙張摺成柱體測試堅固程度。實際建築物中的柱體，例如鋼柱，其實同樣也是將薄薄的鋼板彎曲成中空的柱體使用。不過若是木頭材質或鋼筋混凝土材質的柱體，則是實心的柱體。那麼問題來了，如果是實心的柱體，哪一種斷面形狀會比較堅固呢？答案是「和中空的柱體一樣」，圓形的斷面形狀最堅固。

　　實際上柱子會採用哪種斷面形狀，除了堅固程度外，還會考量許多因素，例如使用材料的多寡、是否方便搬運或容易加工，以及是否符合外觀設計上的需求等。建議可以觀察生活周遭有哪些柱體，思考那些柱體為什麼會採用那樣的形狀吧！

建築物中的各種柱體

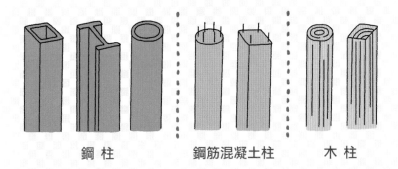

鋼 柱　　　　鋼筋混凝土柱　　　木 柱

將一張紙製作成橋梁

所需物品

- 剪刀
- 硬幣（盡量超過50枚）
- 很厚的書本 2 本
  （厚度必須相同，也可以使用面紙盒或紙箱）

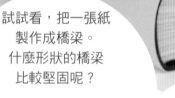

試試看，把一張紙製作成橋梁。什麼形狀的橋梁比較堅固呢？

STEP 1

沿著 —— 線剪下圖紙，將兩本書擺在一起，中間間隔約 9 公分，當成橋梁的底座。

STEP 2

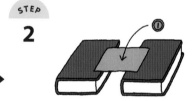

首先將紅色圖紙❶放在底座上，然後放上不同的硬幣。試試看，硬幣能放幾枚？

STEP 3

接下來將圖紙❶彎成拱形，試試看，硬幣能放幾枚？

STEP 4

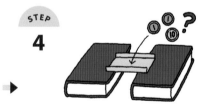

將藍色圖紙❷的兩側沿著 –·– 虛線往內摺，放在底座上。試試看，硬幣能放幾枚？

STEP 5

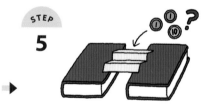

將黃色圖紙❸沿著 ---- 虛線往外摺之後，沿著 –·– 虛線往內摺，製作成鋸齒狀的橋梁，然後試著放上硬幣。這次能放上幾枚硬幣？

STEP 6

將圖紙❹～❻自由摺成自己喜歡的形狀，再來測試能放幾枚硬幣。

嘗試將紙張摺出不同的形狀，挑戰能放最多枚硬幣的紀錄！

延伸學習

- 若把鋸齒狀紙橋的鋸齒摺得更細，結果會如何？
- 如果將其中兩張摺成橋梁的圖紙重疊，結果又會如何？
- 用家裡的色紙或明信片等各種厚度的紙張測試看看吧！

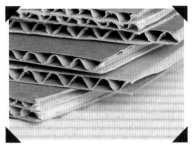

有時是平橋，有時是拱橋，

有時是鋸齒狀的橋，

為什麼薄薄的一張紙，

也可以這麼堅固？

找一找，生活中有哪些東西，

也使用了類似的原理？

詳細 ▶ 解說

？ 為什麼會這樣

　　生活中常見的橋有拱橋和梁橋等種類，這些橋梁是利用不同的結構，支撐橋上物體的重量，以及橋本身的重量。

　　在這次的活動中，當紙片彎成拱形時，由於紙片承受來自兩端的力量，因此會有一股相反的力量往拱橋的內側推擠，且這股力量能夠支撐重物。

　　但是，當我們將紙片摺成ㄇ字形或鋸齒狀，原本薄薄的紙片就會增加厚度或高度。當厚度越厚，越不容易彎曲，所以越能夠承受重量。這種藉由增加厚度或高度來提升強度的結構，就稱為「梁」（但是並不見得厚度越厚、高度越高，結構就一定越堅固，還得考量「大範圍的平面會比較脆弱」的問題。建議試著改變ㄇ字形的邊長，或是鋸齒狀的鋸齒數量，多嘗試看看各種不同的形狀）。

　　不管是拱橋還是梁橋，都是現實生活中的橋梁經常使用的原理。試著製作出各種不同形狀的紙橋，測試看看哪一種比較堅固吧！

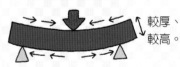
拱橋的原理

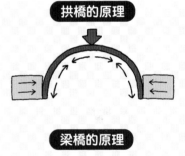
梁橋的原理

較厚、較高。

較薄、較低。

摺板結構的屋頂

！ 想要知道更多

　　橋梁的主梁有箱型、Ｉ型等各種不同的形狀。大部分的形狀都有著中空的特徵，這是為了避免橋梁本身的重量過重，同時提升橋梁的厚度和高度。

　　將一張薄薄的板子摺成鋸齒狀的結構，稱為「摺板結構」，例如我們可以將鋼板摺成鋸齒狀，使其增加強度，常見於倉庫或工廠的鐵皮屋頂。

　　另外，瓦楞紙的結構，則是在摺板結構的上下追加平面板子，使其形狀維持穩定。其實就算原本的材料很柔軟，只要改變形狀，也會變得非常強韌。找一找，生活周遭有哪些東西是靠形狀來提升堅固程度？

瓦楞紙

箱型梁　　Ｉ型梁

來設計紙房子吧！

所需物品

- 剪刀
- 色鉛筆或彩色筆
- 膠水 ● 書本
- 扇子（可以用墊板或厚紙板代替）

快來製作出
屬於自己的紙房子吧！
你想要住在
哪一棟房子裡呢？

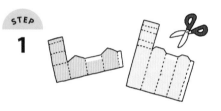

STEP 1

沿著 ▬▬ 線剪下圖紙❶和圖紙❷。

STEP 2

想像一下，這是誰的家？畫上門窗和住在裡面的人。

STEP 3

沿著 ---- 線摺起來。

STEP 4

用膠水黏好，讓房子定形。

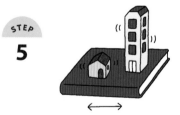

STEP 5

把兩棟房子放在書本上，輕輕搖晃書本。哪一棟房子比較能承受搖晃？

STEP 6

把兩棟房子放在桌上，用扇子大力搧風。哪一棟房子比較能承受風吹？

延伸學習

- 可以將圖紙列印多張，製作出多棟房子，建立一座城市。
- 公寓、學校、商店、醫院、圖書館……各種不同種類的房子都製作看看吧！

要住在哪一棟房子裡面呢？

高樓大廈可以住很多的人，
而小巧可愛的房子可以給人安心感。
房子越寬敞，能夠做的事情就越多。
那麼什麼樣的房子，
比較能夠承受強風、地震或大雪？
你想住在什麼樣的房子裡？

詳細 ▶ 解說

❓ 為什麼會這樣

走在街上，放眼望去能看見各種不同形狀的建築物，有的很高，有的很矮，各有各的特色。越高的建築物，能夠住進越多的人，而且高樓層的視野也更好。但是高樓層建築的重心比較高，必須要確實具有抵抗強風和地震的對策，否則相對危險。

建築物的梁柱和牆壁越多，就會越堅固；但是越宏偉的建築物，住的人多，也就會需要更多的空間。而且屋頂的形狀也是一大學問，扁平的屋頂比較能夠承受強風吹襲，卻因為積雪不易滑落地面，必須蓋得更加堅固才能承受積雪的重量。建築物的「最佳形狀」，取決於使用的人是誰，使用的目的是什麼，以及建築物的所在地點。

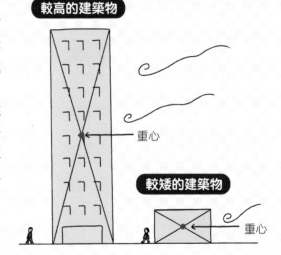

較高的建築物

重心

較矮的建築物

重心

❗ 想要知道更多

高樓層的建築物，都會採取各式各樣的措施，來降低地震造成的危害。以東京晴空塔為例，塔的地基深入地底，就像樹根一樣緊緊抓著土地。另外，塔的中心設計了一根名為「心柱」的柱體，心柱和周圍的塔體是分開的，可以在發生地震的時候，讓兩者的晃動時間點分開而減少衝擊。

在抵禦風災方面，經常發生颱風災害的日本沖繩地區，會將傳統建築蓋得低矮而寬廣，是因為這樣的形狀可以將強風的影響降至最低。而日本岐阜縣白川鄉則因為冬天經常下大雪，所以屋頂的傾斜角度都蓋得相當陡峻，讓積雪容易滑落，由於房屋的形狀看起來像是將雙手合攏，所以又稱為「合掌屋」。

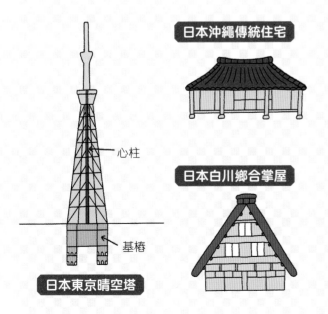

日本沖繩傳統住宅

日本白川鄉合掌屋

心柱

基樁

日本東京晴空塔

用紙張體驗織布方式

所需物品

● 剪刀

將紙剪成細長狀
並編織起來，
就會很像一塊布！
嘗試看看不同的編織方式吧！

STEP 1

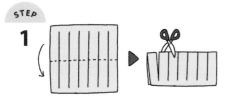

沿著 ── 線剪下直線圖紙❶和圖紙❷，沿著 ---- 線對摺，然後沿著白色的 ══ 線剪開（注意不要剪到底部）。

STEP 2

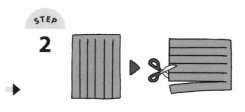

將橫線圖紙❶和❷沿著 ── 線剪開。

STEP 3

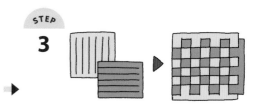

將直線圖紙❶與橫線圖紙❶組合（編織）成圖中的樣子。

STEP 4

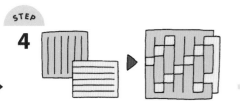

接著將直線圖紙❷與橫線圖紙❷組合（編織）成圖中的樣子。

STEP 5

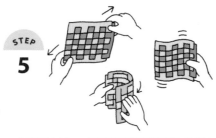

試著拉扯、扭轉和搖晃兩塊「紙布」，比較看看有什麼不一樣。

STEP 6

嘗試看看其他的編織方式。

延伸學習

● 嘗試將各種顏色的色紙剪成細長狀，並變化「橫線」的顏色，編織出美麗的圖案。

● 改變「直線」的間隔，以及「橫線」的粗細，看看圖案會變成什麼樣子。

編織出喜歡的圖案後，可以用膠水固定，當成裝飾品。

大家身上所穿的衣服，

也是由直線和橫線編織出來的！

有些布很柔軟，有些布很硬挺，

每一種布的觸感都不太一樣。

紋路也各有特色，

有格紋、條紋、點點……

你喜歡什麼樣的布呢？

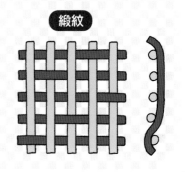

詳細　解說

? 為什麼會這樣

衣服、窗簾、毛巾、棉被……我們的生活中充滿各式各樣的布。將絲線以縱橫交錯編織的方式，稱為「織布」，而其中三種最基本的編織方式稱為「三原組織」。

活動中STEP3的編織方式為「平紋」，做法是將直線與橫線逐一交錯，織出來的布非常堅韌緊密。STEP4的編織方式為「斜紋」，布面會出現斜向的隆起，布質的特徵是厚而柔軟（製作牛仔褲的「牛仔布」也是採用斜紋織法，所以只要仔細看，就能看見斜向的條紋）。第三種「緞紋」則是讓橫線以一定的規則跨越數條直線，是種不讓絲線的交錯點相鄰的織法，織出來的布稱為「緞」，特徵是布面非常平滑。實際用紙來嘗試各種不同的編織方法，就能體會到光是織法不同，就能變化出數不清的紋路和質感。

棉（棉花）

麻（亞麻）

羊毛

蠶絲（蠶繭）

! 想要知道更多

除了編織的方法之外，布料的質感還會因纖維的種類而發生很大的變化，例如以「植物纖維」製成的麻布有著強韌、速乾的優點，棉布則有著柔軟、肌膚觸感佳的優點；以「動物纖維」製成的羊毛布有著較強的保暖效果和較高的彈性，蠶絲布則是平滑而帶有光澤。

除此之外，現代還多了各種利用化學技術製造出來的「合成纖維」。這些各式各樣的布會印上不同的花紋與圖案，經過特殊的加工，來到我們的生活中。人類使用布的歷史非常悠久，根據研究，早在舊石器時代，人類就已經擁有織布的技術了。如果在活動中對布產生興趣，可以仔細觀察和觸摸生活周遭的各種布料喔！

〈三原組織〉

平紋

直線

橫線

斷面圖

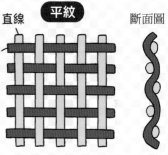

斜紋

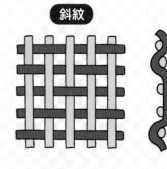

緞紋

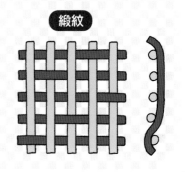

19

大自然賓果遊戲

所需物品

- 剪刀
- 鉛筆等書寫工具
- 箱子或盒子

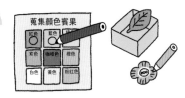

圖紙❶ 蒐集顏色賓果

紅色	藍色	綠色
紫色		
白色		

你聽過
「大自然賓果」遊戲嗎？
遊戲的方式是在戶外
找出賓果卡片上寫的東西喔！

STEP 1

沿著 —— 線剪下圖紙❶～❹。

STEP 2

圖紙❶是「蒐集顏色賓果」。試著在公園裡、馬路上或自然環境中尋找各種顏色的東西。

STEP 3

找到後就在欄位裡畫〇。如果是可以撿拾的東西，就蒐集起來。如果沒有辦法撿拾，就畫圖、寫下名稱或拍照。

STEP 4

賓果！

只要完成一條直行、橫行或斜行，就是「賓果」。建議多觀察大自然，多完成幾行「賓果」，不要只有一行就結束。

STEP 5

圖紙❷是「觸感賓果」，圖紙❸是「感官賓果」。數一數，你完成了幾行賓果？

STEP 6

五花八門賓果

| 香菇 | 毛毛的東西 | 蜘蛛絲 |
| 蟲蛹 | 微風 | |

圖紙❹可以隨自己的喜好設計，也可以把各種主題混合在一起，例如鳥類、昆蟲、花草、果實等。

延伸學習

- 可以試試氣味的賓果、聲音的賓果，也可以配合遊玩地點或季節，例如河邊、海邊、山上的賓果，或是春、夏、秋、冬的賓果。
- 相同的賓果可以改變蒐集的時間，例如早上改成中午或晚上，相信能在大自然中獲得完全不同的新發現。
- 互相交換自己設計的賓果卡片，和家人或朋友舉辦一場賓果大賽。

將蒐集的地點改成家裡，也會很好玩！

尋找賓果卡片上的東西時，
眼睛、耳朵、鼻子和雙手，
都會非常忙碌。
就算是熟悉的公園，
或是住家附近的路旁，
也會有很多奇妙的新發現！

詳細 解説

? 為什麼會這樣

　　這個「大自然賓果遊戲」能親近大自然，是一種相當受歡迎的戶外遊戲。就算是平常習以為常的景色，或是相當熟悉的自然現象，如果把注意力放在「顏色」、「大小」、「形狀」、「觸感」、「氣味」等單一特徵上，就會發現原來還存在許多不同的變化。

　　以石頭為例，可能有「黑色」的，有「圓形」的，有「光滑」的，有「粗糙」的……光是石頭就可以組成一張賓果卡片呢！建議可以設計出各種專屬於某地點的賓果卡片，例如公園、森林、海邊、山上、河邊等，引導孩子發揮所有的感官能力，必定能夠獲得不同於平常的新體驗或新發現。

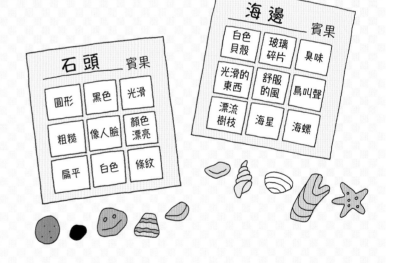

石頭 賓果

圓形	黑色	光滑
粗糙	像人臉	顏色漂亮
扁平	白色	條紋

海邊 賓果

白色貝殼	玻璃碎片	臭味
光滑的東西	舒服的風	鳥叫聲
漂流樹枝	海星	海螺

看
觸摸
聽
聞

! 想要知道更多

　　一般人大多仰賴視覺來接受外在的資訊，但是透過這個賓果遊戲，能「觸摸」大自然、「聽見」聲音、「聞」到氣味，讓原本擁有的感官能力變得更加敏銳，還可以在大自然環境裡有許多新發現，例如「感官賓果」中的「香味」和「臭味」，孩子會找到什麼味道呢？香味可能來自於花朵或果實，臭味則可能來自於氣味過於強烈的樹葉。接著，可以讓孩子思考，為什麼植物要釋放出這些氣味？為了吸引昆蟲前來搬運花粉？為了避免遭昆蟲啃食？當孩子不斷詢問「為什麼」時，最後必定能體會大自然的奧妙。

種子飛機與種子直升機

圖片提供：近澤秀光

所需物品

● 剪刀　● 迴紋針　● 膠水

快來製作能夠
飛上天空的紙飛機，
以及能夠轉圈圈的
紙直升機吧！

STEP 1

沿著 —— 線剪下種子飛機圖紙，然後
沿著 ---- 線往外摺，再沿著 –·– 線往
內摺，夾上迴紋針。

＊曲線的部分建議先拿筆畫過之後再摺。

STEP 2

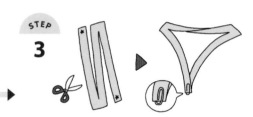

從側面看的樣子

像圖中這樣捏著，再輕輕推出去
後將手放開。種子飛機有沒有飛
出去呢？

STEP 3

沿著 —— 線剪下種子直升機圖紙❶，將
★記號與★記號貼合在一起，夾上迴紋
針。

STEP 4

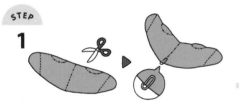

沿著 —— 線剪下種子直升機圖紙❷，
在黏貼處❶與黏貼處❷的位置塗上膠
水，像圖中這樣黏貼在一起。

STEP 5

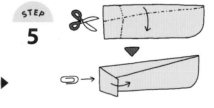

沿著 —— 線剪下種子直升機圖紙
❸，像圖中這樣摺 2 次，然後夾
上迴紋針。

STEP 6

將種子直升機❶、❷舉到空中放下，或
是將種子直升機❸拋出去。如果開始旋
轉，就代表成功了。

延伸學習

● 當試改變內摺的角度、迴紋針的位置，以及拋丟的方法，看看
　會有什麼不同。怎樣才能在空中飛得最久，或是轉最多圈？
● 用家裡現有的紙張製作種子飛機、種子直升機。盡量嘗試各種
　不同大小和厚度的紙張。

這些紙飛機和直升機
都是模仿種子的形狀呢！

22

種子飛機模仿的是
一種名叫翅葫蘆的植物種子，
這是一種生長在熱帶地方的植物。
種子直升機模仿的是
米麵蓊、臭椿、青楓的種子，
這些植物種子的特徵正是
一邊旋轉，一邊落在地上。
不同植物的種子，飛行的方式都不一樣，
大自然真是太有趣了！

詳細 解説

❓ 為什麼會這樣

　　如果能在天空中自由自在飛翔，一定很舒服吧！想要知道飛翔的方法，最好的做法就是模仿在空中飛翔的自然界動植物，例如侯鳥擁有非常大的翅膀，昆蟲則依不同的種類而擁有不同形狀的翅膀，靠著拍動翅膀飛上天空。有些植物也擁有飄在空中的能力，例如翅葫蘆的種子擁有很大的翅膀，能夠在空中滑翔；龍腦香、米麵蓊、臭椿、青楓的種子（果實）能夠一邊旋轉，一邊緩緩飄落。這些植物都能靠著風力，將帶有翅膀的種子送往遠方。只要能夠將種子送得越遠，繁衍子孫的範圍就會越廣。

翅葫蘆的種子

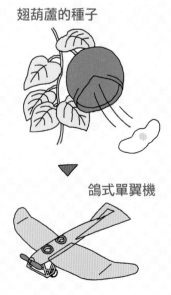

▼

鴿式單翼機

❗ 想要知道更多

　　翅葫蘆的果實和排球的大小相近，裡面裝有數百顆種子。每顆種子的形狀都不太一樣，所以有些可以飛得很遠，有些會在中途轉彎，有些則會落在近處。種的形狀之所以不太一樣，也是植物為了生存的一種策略。只要模仿這些生物的特徵和機能，就能研發出對我們的生活有所幫助的技術，這樣的概念就稱為「仿生技術」，例如有一種名為「鴿式單翼機」的飛機，正是模仿了翅葫蘆種子的飛行原理；現在還有科學家為了提升風車的旋轉效率，正在研究青楓種子的形狀作為參考。除此之外，你還知道什麼仿生技術呢？

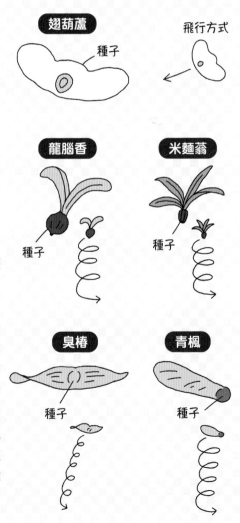

翅葫蘆
　　種子
飛行方式

龍腦香
　　種子

米麵蓊
　　種子

臭椿
　　種子

青楓
　　種子

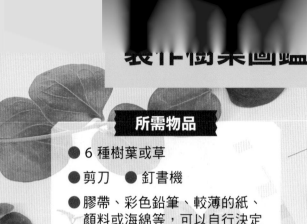

製作樹葉圖鑑

所需物品

- 6 種樹葉或草
- 剪刀 ● 釘書機
- 膠帶、彩色鉛筆、較薄的紙、顏料或海綿等，可以自行決定想使用的材料
- 樹葉或植物圖鑑（參考用，沒有也沒關係）

你曾經仔細觀察過樹葉嗎？快來蒐集各種樹葉，製作出自己專屬的圖鑑吧！

STEP 1

沿著——線剪下圖紙。

STEP 2

依照頁碼順序排列，以釘書機裝訂成一本書。寫上蒐集樹葉的地點、日期和自己的名字。

STEP 3

蒐集 6 種喜歡的樹葉（要撿掉在地上的樹葉，而且樹葉的長度盡量在10公分以內）。

STEP 4

依照自己喜歡的方式，將樹葉貼在每一頁上，或是記錄特徵。
＊直接以膠帶將樹葉貼在頁面上。 ＊以素描的方式將樹葉畫下來。
＊以薄紙蓋在樹葉上，使用彩色鉛筆拓印上色，然後依照形狀剪下。
＊以海綿將顏料沾滿樹葉，像蓋印章一樣蓋在頁面上。

STEP 5

為每一片樹葉取個合適的名字。如果手邊有植物圖鑑，能夠查到該植物的名稱，也可以寫上去。最後為植物圖鑑想個帥氣的標題。

延伸學習

- 等待季節變化或更換蒐集地點，製作出不同環境的樹葉圖鑑。
- 如果附近找得到同一種植物的果實或花朵，也可以畫下來。如果花朵或果實已經掉在地上，就可以撿起來帶回家。
- 也可以依照不同的特徵來分類，例如「鋸齒樹葉圖鑑」、「紅色／黃色樹葉圖鑑」等。

仔細觀察每一片樹葉的形狀、觸感和氣味！

不一樣的樹，

葉子的形狀和顏色也不一樣。

有的摸起來很粗糙，

有的摸起來很光滑。

葉脈的分布也完全不同，

有的很直，有的像迷宮一樣，

有的味道很香，有的味道很奇怪。

你喜歡什麼樣的樹葉呢？

詳細 ▶ ◀ 解說

？ 為什麼會這樣

　　圓的、長的、扇形的……每一種樹葉的形狀都不太相同。樹葉大致上可以分成兩類，一類稱為「單葉」，葉子連接樹枝的葉柄，每個葉柄只會有一枚葉片，每枚葉片各自獨立；另一類則稱為「複葉」，同一條莖的葉柄上有多枚葉片。如果是複葉，會將所有長在同一條莖上的小葉子視為一枚葉片。不過像楓樹的樹葉雖然分岔成好幾枚，但因為底部還是連在一起，並沒有完全分開，所以歸類為單葉。葉片分岔的目的，可能是為了降低承受風壓的力道，也可能是為了讓下面的葉子也能照到太陽。此外，柊樹等樹葉邊緣很尖，則可能是為了避免遭動物啃食。葉子的形狀可說是充滿了植物生存的智慧呢！

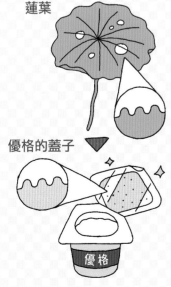

蓮葉

優格的蓋子 ▼

優格

※此為日本產品

！ 想要知道更多

　　如果仔細觀察並觸摸樹葉，就會發現有一些樹葉雖然看起來很光滑，但其實表面長著細毛。這些細毛稱為「毛狀體」，有的可以避免過強的陽光直接照射，有的可以讓小昆蟲不容易啃食。舉例來說，如果把蓮葉放在電子顯微鏡底下觀察，會發現表面有一些凸起物，這種凹凸構造具有防水的效果，水珠會在葉片上滾動，讓葉片不會沾溼。有科學家根據這個原理，研發出不沾黏的優格蓋子，這也是仿效生物的外貌或機能研發生活用品的「仿生技術」絕佳例子之一。

單葉

葉柄

1枚葉片

莖

▲山茶

葉柄

莖

1枚葉片

▲日本楓

複葉

葉柄

小葉

莖

1枚葉片

▲薔薇

最早期的動畫：留影盤

圖紙 ❷
竹籤黏貼處

這個神奇的玩具，
可以讓兩張圖合成一個畫面！
快來製作看看吧！

STEP 1

剪下圖紙 ❶ 和圖紙 ❷。

STEP 2

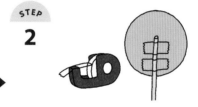

以膠帶將竹籤固定在圖紙 ❶ 的背面。

STEP 3

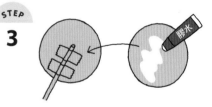

在圖紙 ❷ 的背面塗膠水，對齊 ▼ 記號，與圖紙 ❶ 貼合。

STEP 4

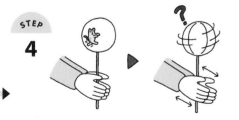

等膠水乾了之後，以兩手搓動竹籤，使其旋轉。當速度越來越快，圖案會有什麼變化？

STEP 5

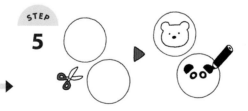

接著剪下圖紙 ❸ 和圖紙 ❹，在兩面自行畫圖。想像一下，當兩面的圖案重疊時，會變成什麼樣子？

＊畫的時候可以將圖紙放在玻璃窗上，就能夠看見背面的圖案對照。

STEP 6

轉動竹籤，看看圖案變成了什麼樣子。

畫什麼樣的圖最有趣呢？

延伸學習

● 嘗試改變旋轉的方式與速度，怎麼做才能讓圖畫看起來最完整？
● 使用家裡的厚紙板，嘗試製作出各種不同的留影盤。
● 也可以畫 3 張畫，像右圖這樣貼合。

這種名為「留影盤」的玩具，
已經有 200 年之久的歷史。
留影盤甚至被視為最早出現的動畫！
到底是什麼原因
讓兩張圖合成一個畫面？

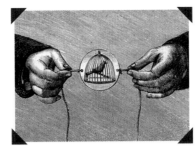

詳 細 ▶ 解 説

？ 為什麼會這樣

　　當變化的速度太快，人類的眼睛就會跟不上變化的速度，舉例來說，日光燈大約每秒閃爍 100 次，但因為速度太快，在人類的眼裡看來就是一直亮著的狀態。就算眼前的物體突然消失，影像還是會殘留在人類的眼睛裡一小段時間，這就是「視覺暫留」。這次製作的「留影盤」，正是利用這個原理。當正面的圖畫和背面的圖畫快速交換時，其中一張圖畫消失，但眼前還存在著殘影，此時又出現另外一張圖畫，兩張圖畫也就變成一個畫面了。

體驗視覺暫留

凝視左邊的圖案30秒，然後看右邊的空
白部分，就可以體驗到「視覺暫留」。

費納奇鏡

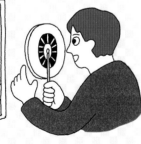

幻影箱

！ 想要知道更多

　　「留影盤」可以讓兩張圖畫結合在一起。那麼，如果圖畫的數量增加，又會發生什麼樣的現象呢？如果每張圖畫都只有些微改變，當圖畫高速變換時，看起來就像圖畫動了起來，這就是動畫的原理。自從「留影盤」在1828年問世之後，陸續出現許多以「會動的圖畫」為主題的裝置，例如圓盤形式的「費納奇鏡」，以及圓筒形式的「幻影箱」。而如今我們所看的動畫，如果是一般的電視動畫，每秒大約播放 8～12 張圖畫，如果是動畫電影，每秒播放張數最高可達24張。倘若孩子對「會動的圖畫」感興趣，也可以上網搜尋「紙捲動畫」和「翻頁動畫」，自行學習並製作看看喔！

剪開莫比烏斯環會變成什麼樣子？

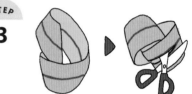

所需物品

● 剪刀　● 膠水

將紙條轉半圈，
前後兩端黏起來，
製作成紙環後從中間剪開，
會發生什麼事呢？

將圖紙❶的紙條轉半圈，兩端黏起來成紙環。試試看，從熊的地方出發，沿著足跡往前走，能走到小女孩的位置嗎？

STEP 2

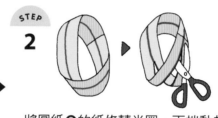

將圖紙❷的紙條轉半圈，兩端黏起來成紙環，然後再沿著紅色線條 ── 剪開，紙環會變成什麼樣子？

STEP 3

將圖紙❸的紙條轉一整圈，兩端起來成紙環，然後沿著紅色線條 ── 剪開，這次紙環會變成什麼樣子？

STEP 4

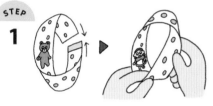

將圖紙❹的紙條轉半圈，兩端黏起來成紙環，然後再沿著紅色線條 ── 剪成三等分，這次紙環又會變成什麼樣子？

STEP 5

將圖紙❺、❻擺成十字，把黏貼處❸黏起來。圖紙❺像圖中這樣轉半圈，將黏貼處❶黏起來。圖紙❻也像圖中這樣轉半圈，將黏貼處❷黏起來。

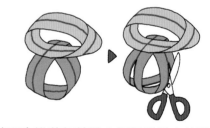

接下來沿著紅線將 2 個紙環從中剪開。如果最後變成連在一起的愛心，那就是成功了！

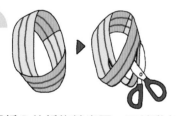

延伸學習

● 如果將已剪成二等分的莫比烏斯環再沿著中間二等分剪開，會變成什麼樣子？

● 嘗試使用更長的紙條，翻轉更多圈，然後同樣從中間二等分剪開。

● 如果把 2 個沒有翻轉的紙環黏成十字狀，再沿著環從中間剪開，會變成什麼樣子？如果連結 3 個、4 個紙環，又會有什麼結果？

實際剪開前，先想想會發生什麼事！

沿著熊的足跡往前走，
竟然遇上原本在背面的小女孩！
繼續往前走又回到了熊的位置！
已經沒有外側和內側區別的紙環，
就稱為「莫比烏斯環」。
在我們的生活周遭，
其實存在著許多這樣的圖案呢！

詳細 ▶ 解說

❓ 為什麼會這樣

德國的數學家奧古斯特·莫比烏斯在1865年的一篇論文裡，提到了這種翻轉半圈的紙環，所以後人將這種環稱為「莫比烏斯環」。

莫比烏斯環沒有外側和內側的區別，如果沿著外側走，會在不知不覺中進入內側，接著又回到外側。只要利用這個性質，就可以同時使用到帶狀物的內外兩側，所以曾經被運用在錄音帶和印表機的印色帶上。我們生活中的資源回收符號，也是一個莫比烏斯環呢！

沿著莫比烏斯環從中間剪開，會有什麼結果？相信孩子實際操作之後，一定會相當驚訝吧！這時孩子心裡可能會想，如果翻轉更多圈呢？如果剪成更多條呢？當孩子有這樣的想法，就代表探究心已經萌芽了！

奧古斯特·莫比烏斯
1790年～1868年

資源回收的符號

一般的環

莫比烏斯環

❗ 想要知道更多

沿著環中間剪開，為什麼會變成一個更大的環？為了找出原因，我們使用左右兩邊顏色不同的紙條來製作莫比烏斯環。如果是一般的環，從中間剪開之後，紅色部分和藍色部分就會徹底分開。但如果是莫比烏斯環，沿著紅色的部分剪開，會在接合處變成藍色，繼續往前進又會變回紅色。也就是說，因為紅色與藍色在接合處相連，所以就算從中剪開，也不會變成兩個環，而是會變成一個大環。

然而沿著環剪成三等分，就不會變成一個大環嘍！而且在製作環的時候，改變翻轉的次數，剪開時的結果也會不一樣。至於為什麼會這樣？其中有著什麼規則？家長可以和孩子一起研究！

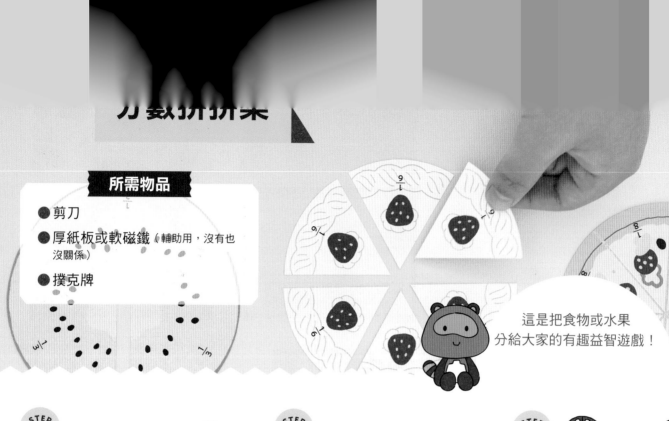

分數拼拼樂

所需物品

● 剪刀
● 厚紙板或軟磁鐵（輔助用，沒有也沒關係）
● 撲克牌

這是把食物或水果分給大家的有趣益智遊戲！

STEP 1

沿著線 ── 剪下圖紙（如果將圖紙黏在厚紙板或軟磁鐵上，就會堅固許多且不容易損壞）。

STEP 2

把每片扇形圖紙混合在一起。嘗試找出相同大小的扇形，拼湊成圓形。

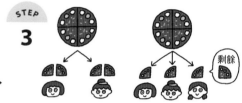

STEP 3

嘗試將蛋糕或披薩分給不同的人數，每個人分到的分量要相同。什麼情況下能夠剛好分完？

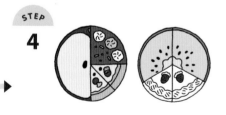

STEP 4

嘗試將不同大小的扇形圖紙組合成圓形。可以有各種不同的組合方式。

STEP 5

接下來是可以 2～4 人玩的遊戲。首先，每個人分一張扇形圖紙。準備數字為 2、3、4、6、8 的撲克牌，翻至背面。大家輪流抽牌，抽到什麼數字，就拿 1 張以該數字為分母的扇形圖紙（抽完之後，把撲克牌放回並洗牌）。最先以扇形組合成圓形的人獲勝。

延伸學習

● 也可以繼續製作出 1/5、1/10 或1/12的扇形。
● 可以使用這些扇形圖紙來玩開店遊戲或餐廳遊戲。
● 實際購買水果、蛋糕或披薩的時候，讓孩子試著回想這個遊戲，該怎麼分配才公平。

四邊形的蛋糕要怎麼分配呢？

大家一起分食好吃的點心，

就會感覺特別美味！

但是為了避免吵架，

每個人的分量要一樣才行。

怎麼做才能讓分量都一樣呢？

每次分享食物時，都可以想一想喔！

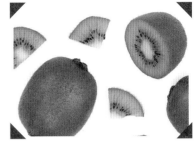
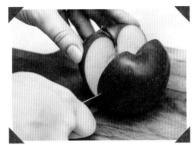

詳細 ▶ 解説

? 為什麼會這樣

　　大部分的孩子在生活中，最先接觸的分數概念應該是「一人一半」吧！那麼如果是 3 個人，要怎麼分呢？當孩子開始對分數感興趣，家長可以搭配本活動的扇形圖紙，告訴孩子「如果分成 3 份，每一份就會是 1/3」。接下來還可以進一步提及分數的加法，例如「如果有 2 個 1/4，就會變成 2/4，大小和 1/2 一樣」，以及分數的約分，例如「3/8 和 1/4 哪一邊比較大？1/4 就等於是 2 個 2/8……」，像這樣一邊出題，一邊解釋，就能讓孩子掌握分數的概念。不過，沒有必要一次全部教會孩子這些，建議多玩幾次商店遊戲和分配食物遊戲，對於將來正式學習分數一定會有幫助。

! 想要知道更多

　　在這個活動裡，我們是以組成圓形來代表「組合 1」。事實上「組合 1」的方式多達21種（包含全部都是同一種扇形圖紙的情況）。使用 2 種扇形圖紙的組成方式有10種，3 種扇形圖紙有 5 種，4 種扇形圖紙則只有 1 種。建議可以和孩子一起把所有的組成方式找出來。除此之外，也可以利用摺圖畫紙的方式製作出長方形。將整個長方形當成「1」，再把將「1/2」或「3/4」塗上顏色。像這樣改變「1」（原先完整的東西）的定義，可以幫助孩子在各種情況下都能掌握分數的概念。

用直尺畫出曲線

所需物品

● 直尺
● 鉛筆或彩色鉛筆

直尺只能畫出直線嗎？
只要使用特別的方法，
直尺也能畫出曲線！

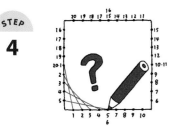

STEP 1

將整張圖紙沿著虛線撕下。

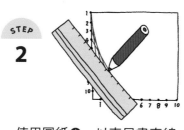

STEP 2

使用圖紙❶，以直尺畫直線，把1連到1、2連到2⋯⋯以此類推，將相同號碼的點連起來。

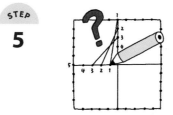

STEP 3

畫完10條直線之後，是不是就出現一條曲線？

STEP 4

接著使用圖紙❷，同樣把1連到1、2連到2⋯⋯以此類推，將相同號碼的點連起來。出現了什麼圖案？

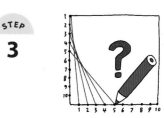

STEP 5

圖紙❸只有一部分標上了號碼。可以依照自己的喜好繪製。試試看，最後能畫出什麼圖案？

STEP 6

圖紙❹可以改變點與點的連結規則或是跳點規則，繪製出獨一無二的曲線或圖案。

延伸學習

● 使用各種不同的顏色畫畫看，或是在直線組成的網格塗上各種不同的顏色，讓這幅畫更漂亮吧！
● 使用方眼紙，依照圖紙❶、❷的做法畫直線，但是刻度必須設定得更細，才能畫出更圓滑的曲線。
● 在方眼紙上畫出各種不同的紋路。如果要跳點，切記兩邊刻度的跳點數量必須相同。

把不同的圖案疊在一起也很美！

大量的直線聚集在一起，

竟然會看起來像曲線，

真是太不可思議了！

其實只要仔細觀察生活周遭，

就能發現許多由直線組成的曲線形狀，

在世界各地也有著各式各樣

由曲線組成的建築設計呢！

詳細 ▶ 解說

❓ 為什麼會這樣

　　出現在圖紙上的「曲線」，當然不是真的曲線，只是非常接近曲線的樣子而已。當我們把刻度無限縮小，曲線就會變得極為平滑，最後就會變成數學概念中「拋物線」的一部分。所謂拋物線，指的是投擲物體時，物體所描繪出的曲線軌跡。當直線以一定的規則移動，就會形成拋物線，這也代表如果我們將拋物線上每個點的相接直線畫出來，同樣能畫出網格的圖案。畫出相接直線的意思，其實是計算某函數點的傾斜角度，而這就是「微分」的概念。這次的活動乍看之下只是一種塗鴉，但與數學有非常深的關聯呢！

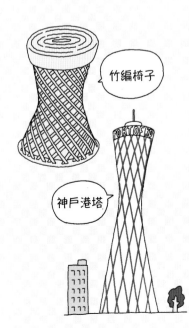

竹編椅子

神戶港塔

❗ 想要知道更多

　　像這樣以直線畫出網格的技巧，稱為「直紋曲面圖」，在藝術和設計領域，是相當著名的手法。有些人喜歡嘗試將不同的直紋曲面圖組合起來，產生完全不同的圖案，有些人則喜歡嘗試以絲線或繩索呈現出直紋曲面圖。此外，這個技巧還能夠運用在立體空間中，成為設計風格的一部分，左圖的竹編椅子、日本著名建築物「神戶港塔」，都是具代表性的例子。像這樣的藝術品，呈現出來的就是「數學式的美感」。當孩子學會尋找數學與藝術之間的交集，以看待藝術的心態來看待數學，相信對數學的觀感也會徹底改變！

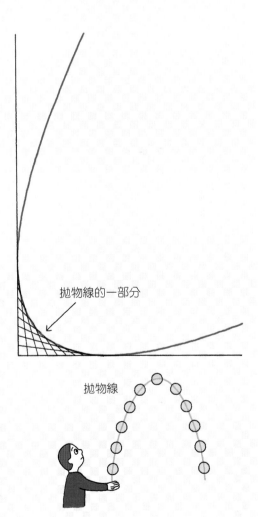

拋物線的一部分

拋物線

畫出像視覺藝術般的鑲嵌圖形

活動構思與設計圖提供：日本鑲嵌圖形設計協會／荒木義明、藤田伸

所需物品
- 剪刀
- 鉛筆
- 膠帶

疊在一起再剪開，
接著把紙緊密拼在一起，
就能呈現出非常美麗的圖案！

STEP 1

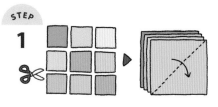

把圖紙剪成 9 張正方形。挑出其中喜歡的 4 張，疊在一起之後沿著對角線對摺。

STEP 2

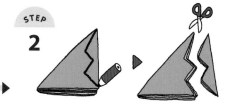

像圖中這樣，在摺成的三角形上畫線，線條必須通過三角形的 2 個頂點，再沿著線將 4 張紙一起剪開。

STEP 3

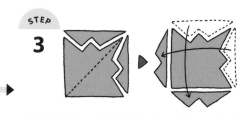

將紙攤開，把剪下的部分擺回原本的位置，然後將剪下的部分依照圖中的箭頭移動位置。

STEP 4

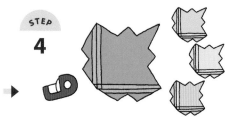

以膠帶將直線的邊精準貼合在一起。其他 3 張紙也採用相同的處理方式。

STEP 5

將 4 張紙緊密貼合在一起，然後畫上線條，看起來就像是樹葉地毯一樣。

STEP 6

使用剩下的正方形，重複前面的步驟。這次可以在 STEP 2 時任意畫線，最後會變成什麼圖案呢？

延伸學習

- 如果把STEP5葉片形狀的紙翻到背面，也能緊密貼合嗎？
- 如果改變STEP3的移動方式，也能緊密貼合嗎？（嘗試將剪下來的部分翻到背面，或是貼合在不同的邊上。）
- STEP6 完成的形狀看起來像什麼？嘗試在上面畫出線條，或是在周圍畫出其他圖案，完成這個作品吧！

轉個方向看看這些形狀！

走在街上或家裡，

都可以找到這種以相同的形狀，

貼合而成的美麗圖案。

有一位名叫艾雪的藝術家，

就是用這樣的方式，

繪製出許多奇妙的圖案呢！

詳細 解説

? 為什麼會這樣

像這樣以某種圖形鋪滿整個平面的創作技巧，稱為「鑲嵌」。英文是 Tessellation，原意為「四邊形的移動」。現在就讓我們來想想看，什麼形狀能夠達到這樣的效果？以正多邊形為例，正三角形和正方形都可以貼合在一起，要構成鑲嵌，聚集在一個點的角必須合計為 360 度。那麼，正五邊形呢？正五邊形的內角為 108 度，並沒有辦法拼成 360 度，所以正五邊形沒有辦法構成鑲嵌。正六邊形呢？正六邊形的內角為 120 度，所以能構成鑲嵌，蜂窩就是最好的例子。其他的多邊形呢？嘗試看看吧！

能組合成鑲嵌圖形的正多邊形

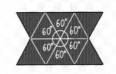

其他的多邊形呢？

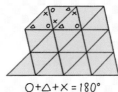

$O + \triangle + \times = 180°$ $\times + \square + \triangle + O = 360°$

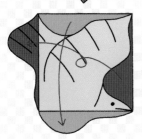

還有看起來像小鳥的鑲嵌圖形……

只要將一個正方形疊上去，就能在上下、左右的邊上找到相同的形狀。

M・C・艾雪

Maurits Cornelis Escher
1898年～1972年

! 想要知道更多

為什麼在STEP4製作出來的形狀，能夠組合成鑲嵌圖形？實際操作就能明白，這次我們製作的形狀是以正方形為基礎，將上下左右的邊平行移動。只要使用這樣的技巧，就能夠以多邊形為基礎，讓一部分的邊凹陷或凸出，依然保持對稱性，所以能夠構成鑲嵌的條件。活躍於20世紀的荷蘭版畫家艾雪，生平不斷鑽研這一類的鑲嵌技巧，到達了藝術的境界，因此，後人從作品中感受到數學與藝術之間也有著密不可分的關係。

瞬間打開、收攏的三浦摺疊法

所需物品

● 剪刀

抓著邊角就可以
輕易打開或收攏，
快來試試這個神奇的摺法吧！

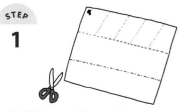

STEP 1

沿著線 ━━ 剪下圖紙。

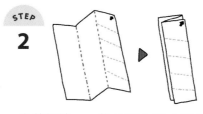

STEP 2

先將紅線 ---- 往外摺之後（線在外側），再將紅線 --- 往內摺（線在內側）。

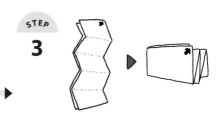

STEP 3

摺好之後，繼續摺綠線。記得要確實留下摺痕。

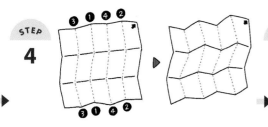

STEP 4

攤開後抓住❶和❶的邊緣，往上下拉撐，然後將❶和❶中間的藍線 ---- 改成往外摺。以同樣的方式，❷和❷也往外摺，❸和❸、❹和❹則往內摺。

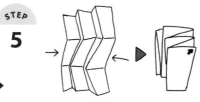

STEP 5

先從兩側收攏，然後上下收攏，讓整體呈現摺起的狀態。接著用力壓緊，讓紙上留下摺痕。

STEP 6

以雙手捏著邊角，往箭頭的方向拉，整張紙就會攤開來。如果往內推，整張紙就會收攏。

往內摺和往外摺，千萬不能搞錯喔！

延伸學習

● 將格子塗成黑白兩色，可以製作成黑白方格旗。
● 將自己經常需要查找的知識或想要記住的事情寫在這張紙上，例如植物或鳥類的名稱、住家周邊的地圖、國旗與國家的名稱等，放在書包裡隨時都能快速攤開閱讀。

這種摺法時常用來摺疊地圖，
是日本一位名叫三浦公亮的人發明的，
所以稱為「三浦摺疊法」。
就連人造衛星的太陽能面板，
也是使用這種摺疊法呢！
摺紙技術也可以應用到太空上，
實在是太了不起了！

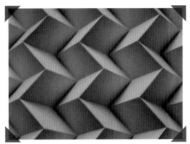
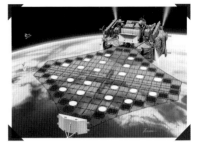

插畫：水野哲也／提供：井上綜合印刷股份有限公司

詳細 ▶ 解說

？ 為什麼會這樣

　　「三浦摺疊法」的發明者是太空結構研究者三浦公亮。這種摺疊法具有兩大特徵。第一，所有的摺痕互相牽動，不管是攤開或摺起，都只要一個動作，捏住對角線上的兩個邊角，輕輕拉開或收起，就可以讓紙張迅速開闔，就算是一大張紙，也可以迅速摺成手掌大小；第二，紙張不容易破損，由於摺的方向固定，不管是摺痕還是交點都只會在固定的方向和範圍內移動，所以就算重複開闔多次，紙張也不太會損傷。從遠在天邊的人造衛星上的太陽能面板，到近在咫尺的地圖和各種小手冊，都運用了這個技術。

使用三浦摺疊法的地圖

三浦公亮

Origami 機器人

歐洲角樹的嫩葉

！ 想要知道更多

　　摺紙在日本是一種相當盛行的傳統遊戲，因此，摺紙的日語發音「Origami」在全世界已經成為摺紙的代名詞。摺紙有著輕巧、強韌，以及能夠妥善運用空間等特徵，所以被應用在許多科技領域上。除了太空開發之外，像是汽車的安全氣囊、超小型機器人、人工血管之類的醫療領域，以及建築物的設計等，到處都可以看見摺紙的影子。原本只是在遊戲中誕生的創意，卻能夠運用在科學和工程的世界裡！其實在大自然中，也隱含著許多摺紙的原理，例如科學家發現一種名為「歐洲角樹」的嫩葉在摺起時的狀態與三浦摺疊法如出一轍。除此之外，像牽牛花的花苞，以及甲蟲的薄翅，也都能漂亮的折疊呢！

設計自己的錢幣

所需物品

- 剪刀
- 彩色鉛筆或彩色筆
- 紙膠帶或霧面膠帶

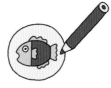

如果你擁有一個國家，可以自己設計錢幣，你會製作出什麼樣的鈔票或硬幣呢？

STEP 1

沿著線—— 剪下圖紙。總共有18枚硬幣和4張紙鈔。

STEP 2

自行設計硬幣，例如可以在硬幣的背面畫上自己的國家符號，或是在正面的周圍畫上裝飾物。

STEP 3

接著設計紙鈔。可以參考各國的紙鈔，想一想要怎麼設計，才會看起來像鈔票呢？

STEP 4

臺灣 ➡ 元
我的錢幣 ➡ ？

臺灣的金錢單位是「元」。想一想，你設計的錢幣要採用什麼金錢單位？

STEP 5

以自己設定的金錢價值，為身邊的各種東西決定價錢，寫在膠帶上，然後貼上去。

STEP 6

貼好價錢之後，就可以開店做生意！使用剛剛製作好的硬幣和紙鈔，來玩買東西的遊戲吧！

＊當孩子在玩這個遊戲的時候，家長記得要提醒孩子，影印真正的金錢，或是製造假鈔，都是違法的行為。

延伸學習

- 可以自行製作圖紙上沒有的金額，設計成錢幣或紙鈔。
- 自己設計的錢幣或紙鈔，可以大量「發行」（影印）來使用。
- 決定真實的金錢與自己設計的金錢的貨幣匯率，讓孩子思考店裡販賣的商品需要用多少自己設計的金錢才能買到。

好想看看五顏六色的紙鈔，或是設計得非常可愛的硬幣！

世界上有非常多的國家，
大部分的國家都有自己的貨幣。
上面的圖案五花八門，
有人的臉，有建築物，有特別的符號，
有動物也有植物。
其實只要觀察錢的設計，
就能了解這個國家的特色呢！

詳細 ▶ 解說

❓ 為什麼會這樣

　　硬幣和紙鈔上的各種設計，都有著其意義和用途。例如日本現今的貨幣之中，歷史最悠久的設計是 1 圓硬幣。2021年全新改版的 500 圓硬幣，則包含許多防止偽造的設計，例如刻在邊緣的「細微文字」，以及一部分形狀有所不同的「異形斜角鋸齒」等。現在全世界約有 150 個國家和地區擁有自己發行的紙幣或銀行券，從這些貨幣可以看出每個國家的文化與技術等級。近年來隨著非現金支付制度的發展，接觸實體貨幣的機會較少，因此，建議讓孩子進行「設計自己的錢幣」活動的同時，也讓他們觀察每個國家的貨幣，實際感受貨幣在社會上發揮的功用。

1955年發行

1日圓硬幣

❗ 想要知道更多

£20 =

2 EURO = €2

Quarter = ¢25

　　本活動所提供的圖紙錢幣，可能會發生部分金額湊不出來的情況。建議可以讓孩子多方嘗試組合各種不同的金額，同時也可以和孩子聊一聊為什麼硬幣都是 5 的倍數。而在歐美國家，20美元紙鈔、20英鎊紙鈔、2 歐元硬幣也是經常使用的貨幣。由此可見使用上最方便的貨幣是「1、2、5」的倍數。另外，1 美元以下的貨幣在美國有著相當獨特的稱呼方式。50分是 1 美元的 2 分之 1，所以被稱為「half dollar」，也就是「 2 分之 1 美元」。25分是 1 美元的 4 分之 1，所以稱為「quarter dollar」，也就是「 4 分之 1 美元」，在日常中使用機率較高。美國貨幣竟然會用分數來表示錢的單位，相信大多數亞洲人應該都會感到不可思議，因此，從貨幣的使用方式，就可以看出每個國家在數字概念上的差異呢！

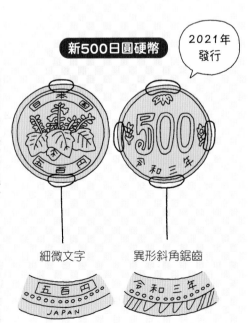

2021年發行

新500日圓硬幣

細微文字　　　異形斜角鋸齒

將捏飯糰的過程設計成程式

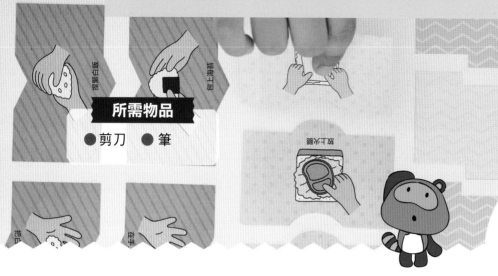

所需物品

● 剪刀　● 筆

什麼是程式設計？
就是讓電腦知道
什麼時候要做什麼事！
一起實際嘗試看看吧！

STEP 1

沿著線 ▬▬ 剪下圖紙。

STEP 2

使用紅色的圖紙，排列出製作飯糰的正確順序。

STEP 3

接著，使用藍色的圖紙，排列出製作三明治的正確順序。

STEP 4

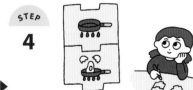

黃色的圖紙可以自行設計指令，製作出自己想要的東西，例如漢堡、荷包蛋等（用畫圖或寫字的方式皆可）。

STEP 5

把指令的順序打亂，討論看看以這樣的順序製作會有什麼結果。

STEP 6

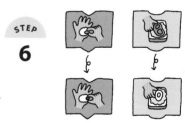

將圖紙翻到背面修改程式的指令，例如改變放在裡面的配料，製作出自己喜歡的飯糰或三明治。

好像在教不會下廚的機器人如何做料理！

延伸學習

● 上廁所、刷牙、穿衣服、喝牛奶……各種行為的步驟都可以製作成程式設計的指令。

● 利用上面的指令設計程式，讓家人擔任電腦來執行（家人要把自己當成電腦，依照步驟執行程式）。試試看，如果執行的卡片缺少了什麼或是順序有誤，會有什麼結果？

要命令電腦工作，
必須細分每個動作，
依照正確的順序排列，
這就是程式設計。
例如電鍋、電梯、
自動販賣機、紅綠燈等……
任何機器都是按照程式執行動作呢！

詳細 ▶ 解說

? 為什麼會這樣

　　所謂程式，其實就是事先決定好的步驟，和運動會或開學典禮的時間表是一樣的概念。但是程式的指令對象是電腦，如果只是簡單說出目的，電腦無法加以執行，於是必須將每個動作拆解，依照正確的順序告知電腦。這就好比當我們在教小孩子穿褲子時，我們會分解每個動作，例如「先伸進右腳」、「再伸進左腳」、「把褲子拉起來」等。同樣的道理，將電腦能夠判讀的所有指令，經過拆解後明確寫出，就是程式設計。程式的基本執行方式，是由上往下「依序執行」。因此，我們在活動裡故意打亂步驟的順序，就是要讓孩子明白順序的重要性。

! 想要知道更多

　　許多平常我們視為理所當然的動作，都是經過邏輯思考後的結果，可以當成程式指令，例如早上要出門時，會根據「有沒有下雨」這個條件，來決定接下來的動作「撐雨傘」或「不撐雨傘」，這就稱為「分歧執行」。還有一種要求反覆執行某個動作的指令，例如「拔草直到把草拔光」，則稱為「反覆執行」。而「依序執行」、「分歧執行」和「反覆執行」正是程式設計的三大基本概念，能夠定義出任何我們所需要的指令。孩子們聽到程式設計或許會覺得很難，但在日常生活中思考某件事情怎麼做才能更有效率且不會犯錯，也是一種訓練程式設計思維的方式。

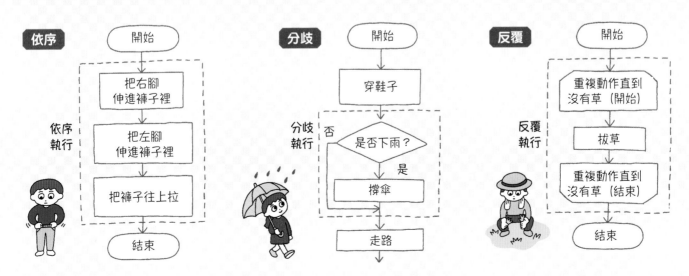

體驗電腦的溝通方式：用數字來寫留言

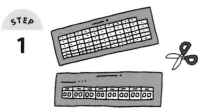

所需物品

● 剪刀　● 鉛筆

試試看用數字的暗號來傳達心中的想法吧！

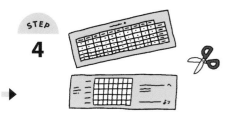

STEP 1

剪下暗號表❶。

STEP 2

使用暗號表❶，在暗號卡片❶上寫下想說的話。

STEP 3

把「暗號表❶」與「暗號卡片❶」交給某個人，看對方能不能正確讀出來。

STEP 4

接著剪下暗號表❷。

STEP 5

使用暗號表❷，在暗號卡片❷上寫下想說的話。

STEP 6

把「暗號表❷」與「暗號卡片❷」交給另一個人，看對方能不能正確讀出來。

延伸學習

● 試著把「暗號表❶」的數字打散，或是加入○、△之類的符號，設計成專屬於自己的暗號表。

● 試著把「暗號表❷」的0與1改成白與黑或紅與藍，設計成顏色暗號表。

● 試著用暗號寫出自己的英文名字。

不知道那個人有沒有看懂暗號？

是不是覺得想暗號很難？

拿到暗號的人，

有沒有看懂你寫的暗號？

其實電腦的語言，

全部都是由0和1組成，

人類很難看懂大量的0和1，

但是對電腦來說，或許很簡單吧！

詳細 ▶ 解說

？ 為什麼會這樣

人類能夠使用各式各樣的文字和語言，但電腦只能以數字來思考。為了讓電腦能夠使用文字，必須要有一套將文字和數字互相轉換的規則，那就是「字碼」。這就和本活動中的「暗號表」一樣，所有的文字都必須依照事先決定的規則轉換成數字。實際上電腦所能辨識的數字，是將高電壓狀態（ON）和低電壓狀態（OFF）當做記號來使用，以ON和OFF分別對應0和1，並且以2進位法來呈現數字。為了讓孩子模擬電腦的運作方式，我們在「暗號表❷」裡把文字轉換成0和1。或許正因為只有0和1這兩種簡單的記號，電腦在處理資料的時候才能正確又快速！

將每一格的顏色轉化為數值。

將聲波的形狀轉化為數值。

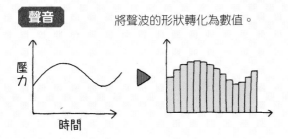

※以ASCII碼轉換。

！ 想要知道更多

電腦不只在處理文字時使用數字，就連處理照片、影片和音樂，也是使用數字。以照片為例，電腦是將畫面切割成許多微小的方格，再以數值記錄方格的顏色。至於聲音，則是以時間軸來細分，再以數值記錄每一段時間的空氣振動狀況，轉化為0和1的資料。

人類是以語言來思考事情，電腦卻是以0和1來處理所有資料，所以以人類要讓電腦執行創造性的工作，只能透過「程式設計」的方式。希望孩子透過這個活動的體驗，對電腦和程式設計產生興趣。

STEAM 活動對孩子的幫助

　　本書中的活動，並無提供任何「結果」或「答案」。孩子首先照著步驟做一遍，接著就可以用自己的想法嘗試各種可能性，依照喜好進行創作，自由發揮個人特色，這就是我們最重視的理念。 STEAM 教育正是透過這種自發性的探究行為，引導孩子獲得「主動學習的能力」。以下介紹各種能夠透過 STEAM 活動培養出的能力。

1. 具創造性的問題解決能力

STEAM 活動引導孩子活用所學，自行找出解決問題的辦法。當孩子成功製作出某些東西，內心會感受到創造的興奮與喜悅。當這種心情不斷累積，就能成為未來自發性創造的原動力。

2. 合作的能力

建議讓孩子和手足或朋友一同挑戰。當孩子和同伴討論如何解決問題時，會發現自己和同伴的差異，且能學會活用自己的長處，不足的部分接受同伴的幫助，這正是團隊合作的可貴之處。

3. 邏輯思考的能力

當孩子發現活動結果不如預期時，正是學習的大好機會。為了找出原因，孩子會試著從不同角度分析，提出各種假設，並且進行實驗。這樣的過程，能讓孩子學會從宏觀的角度俯瞰問題，以及符合邏輯推論的思考方式。

4. 自我表現的能力

在活動的過程中，孩子會有很多機會表達自我想法。當活動的結果與現實有落差時，孩子會不斷以各種方式進行嘗試，直到成功為止。藉由這些實現想法的過程，孩子便逐漸培養出自信，以及不害怕失敗的自我表現能力。

5. 實踐的能力

STEAM 活動是個以雙手和身體實際嘗試與感受的體驗。透過使用不同的道具和材料，在接觸、感覺、遊玩和創造的過程中不斷學習，培養孩子「總之先嘗試看看」的實踐能力。

　　此時，家長需要做的事，是當孩子有所成長的時候，陪著孩子一起感到開心，以及在旁邊鼓勵、讚美孩子。所以家長務必仔細觀察孩子，就算是再微小的成長也別錯過了！

第 **2** 章

在家也能學習！

STEAM 理科養成

本章節的活動都是使用家裡現有的東西，或是可以輕易取得的工具，
直接在家裡做實驗。來吧！STEAM理科養成即將開始！

科學 Science ・ 藝術 Art | 簡單 — ☆☆☆ — 難易度 | 30分鐘 所需時間 | P.3 實驗記錄本

廚房裡的泡泡畫

所需物品

● 醋　● 小蘇打粉
● 食用色素（紅色、黃色、綠色等）
● 白色盤子　● 滴管　● 小湯匙
● 杯子（配合食用色素的顏色數量）

＊如果沒有辦法取得食用色素，可以用刨冰的風味糖漿或水彩顏料試試看。

白色的粉末
竟然變成有顏色的泡泡！
不僅會發出聲音，
顏色還會混合在一起！

STEP 1

在白色盤子裡倒入小蘇打粉 2～3大匙，將小蘇打粉抹平。

STEP 2

在每個杯子裡各加入 1 大匙的醋，然後以小湯匙舀 2 匙食用色素加入杯中，改變醋的顏色。

STEP 3

以滴管吸起顏色改變的醋。

STEP 4

一點一點的滴在小蘇打粉上。

STEP 5

小蘇打粉會發出聲音，而且不斷冒出有顏色的泡泡。

STEP 6

繼續滴入其他顏色的醋，盤子裡會變得五顏六色，看起來相當漂亮！

＊如果使用的是拋棄式杯子或盤子，丟棄的時候記得要做好垃圾分類。

放入花瓣、貝殼或亮片，一定很有意思！

延伸學習

● 可以找一找廚房裡有哪些不同種類的醋。改變醋的種類，看看會有什麼變化。
● 除了醋之外，找一找其他酸類的液體，例如梅子汁、檸檬汁等，也可以拿來試試看。

找一找，還有什麼東西，
同樣會冒出氣泡？
彈珠汽水糖、碳酸飲料、
放進浴缸裡會冒泡泡的入浴劑……
想一想，這些東西產生的泡泡，
都是相同的泡泡嗎？
產生泡泡有什麼好處？

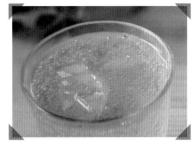
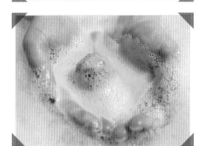

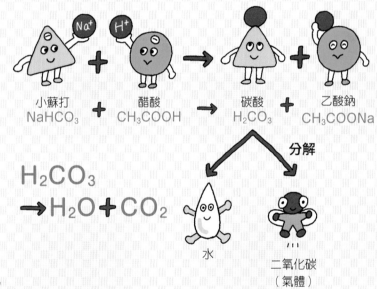

詳細 解說

? 為什麼會這樣

溶於水中會變成鹼性的小蘇打粉，碰到酸性的醋所產生的氣泡，其實就是二氧化碳。當「酸」與「鹼」接觸時，「酸」裡面的氫離子（H^+）會與「鹼」裡面的氫氧離子（OH^-）結合在一起，變成水（H_2O）。H^+ 與 OH^- 以外的離子也會分別結合，產生其他的化合物。醋（乙酸）與小蘇打粉（碳酸氫鈉）結合的情況稍微複雜一點，除了會產生名為乙酸鈉的化合物之外，還會產生碳酸。碳酸會分解成二氧化碳和水，其中二氧化碳是氣體，所以會變成氣泡冒出來。

小蘇打 $NaHCO_3$ + 醋酸 CH_3COOH → 碳酸 H_2CO_3 + 乙酸鈉 CH_3COONa

分解

$$H_2CO_3 \rightarrow H_2O + CO_2$$

水

二氧化碳（氣體）

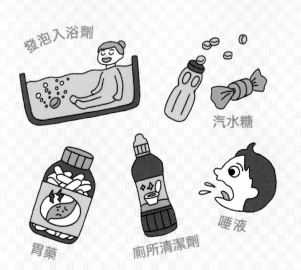

發泡入浴劑

汽水糖

胃藥

廁所清潔劑

唾液

！ 想要知道更多

在我們的生活周遭，其實存在很多「酸」與「鹼」的化學反應，例如發泡入浴劑內，含有酸性的檸檬酸和鹼性的碳酸氫鈉，因此一放進熱水裡，就會產生二氧化碳的泡沫。像這種發泡入浴劑，在家也能自己製作！只要將小蘇打粉與平常用來清除水垢的檸檬酸粉末混合，加入一點點水，捏成餅乾形狀就完成了；而會冒出氣泡的彈珠汽水糖，原料也完全相同。還有酸性的廁所清潔劑，會與汙垢裡的鹼產生反應；胃藥中含有能夠中和胃液中胃酸的物質；鹼性的唾液能夠中和細菌製造出來的酸，保護我們的口腔。

科學 Science · 藝術 Art

中等 ☆☆ 難易度

30分鐘 所需時間

P.4 實驗記錄本

會動的彩色泡泡！熔岩燈體驗

所需物品

● 醋　● 食用油　● 小蘇打粉

● 食用色素（或是刨冰的風味糖漿）

● 透明容器2個　● 小湯匙

＊如果是有蓋子的容器，一定要把蓋子打開，若蓋著蓋子會有爆裂的危險。

你知道什麼是熔岩燈嗎？其實用廚房中現成的材料就能自己製作了！

STEP 1

在一個容器裡倒入醋，約至容器的4分之1。

STEP 2

以小湯匙舀2匙食用色素加入醋中，改變醋的顏色。

STEP 3

在另一個容器裡倒入食用油，約至容器的3分之1。

STEP 4

將STEP2容器裡的醋，慢慢倒入至STEP3的食用油內。仔細看清楚醋和油會發生什麼變化。

STEP 5

等到STEP4的杯子不再發生變化後，將1小匙的小蘇打粉加入杯中，看看會發生什麼變化。

STEP 6

等到STEP5的杯子不再發生變化後，嘗試繼續加入醋或小蘇打粉。

＊實驗結束之後，杯裡的液體不要倒入排水孔流掉。建議找一個空的牛奶盒塞入一些報紙，然後把液體倒進去，當成可燃垃圾丟掉。

延伸學習

● 如果有檸檬酸粉末，可以在STEP6之後加入一小匙，觀察變化。

● 如果不加入醋，而是加入有顏色的水，會有什麼不同？

● 不加入醋而加入水，再放入一小塊發泡入浴劑，觀察變化。

● 開啟手電筒，放在容器下方照亮，一定會很漂亮。

火山熔岩的英文是Lava喔！

仔細觀察生菜沙拉的油醋醬，
裡面的油和醋也不會混合呢！
你知道哪一種會在下面嗎？
這次的活動，
你是否看見超級大的泡泡，
在容器裡上下游動，
就像是店裡賣的熔岩燈一樣？
可以多嘗試各種不同的做法！

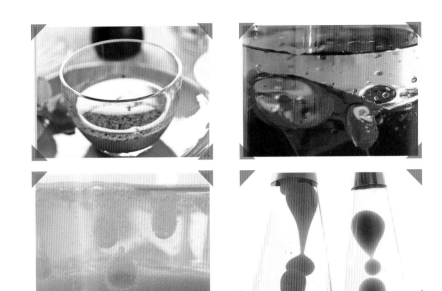

詳細 解說

? 為什麼會這樣

首先，醋與油不會混合，是因為分子結構的關係。如圖所示，氧原子具有非常強的電子吸引力，同時擁有氧原子和氫原子的水分子，氧原子這一端帶負電，氫原子這一端帶正電。發生電子轉移的分子，是因為每個分子的正電與負電互相吸引，所以非常容易混合在一起，但如果遇上油這種沒有電子轉移的分子，就會變得非常難混合。其次，醋會沉在油的下面，是因為醋的密度比油大。醋與小蘇打發生化學反應*產生的二氧化碳氣體，外圍會包覆帶有顏色的醋，形成氣泡在油中緩緩上升。到達油的表面後，氣泡會破裂，醋又會回到油的下層。

＊醋與小蘇打的化學反應請見活動17的說明。

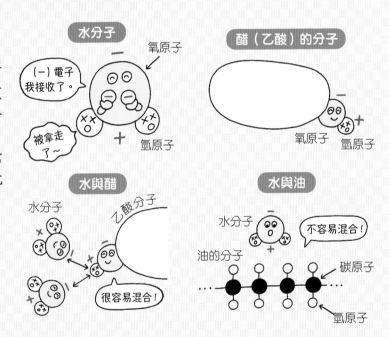

水分子

氧原子

（－）電子我接收了。

被拿走了～

氫原子

醋（乙酸）的分子

氧原子　氫原子

水與醋

水分子　乙酸分子

很容易混合！

水與油

水分子　不容易混合！

油的分子　碳原子

氫原子

水鳥在整理羽毛的時候，會把油塗在羽毛上。

但如果在水中倒入油……

! 想要知道更多

水與油不會混合的原因也和醋與油相同，所以以前的雨傘和雨衣，都是以油紙（浸泡過油的紙）製成。一些鳥類和哺乳類動物，身體會分泌油脂，就算遇到下雨天，雨水也不會滲入身體內側。水鳥會將油脂塗抹在羽毛表面，並且以羽毛包覆空氣，才能夠浮在水面上，但如果在水裡倒油，油在水面上擴散，同時滲入水鳥的羽毛之中，就會使水鳥沒有辦法浮在水面上。因此，如果想要將油丟棄，千萬不能倒入排水孔，因為油未經處理直接排到水域環境中，可能會對住在水邊的生物造成危害。

科學 Science ·  工程 Engineering · 藝術 Art |  具挑戰性 難易度 | 1小時以上 所需時間 | P.5～6 實驗記錄本

用牛奶製成的塑膠

所需物品

- 牛奶
- 醋或檸檬汁
- 可微波的耐熱容器
- 瀝水籃
- 紗布或手帕
- 餅乾模型或黏土模型（沒有也沒關係）

＊如果是有蓋子的容器，一定要把蓋子打開，若蓋著蓋子會有爆裂的危險。

平常喝的牛奶，竟然會變成硬硬的塑膠！你會用來做出什麼東西呢？

STEP 1

將牛奶倒入耐熱容器中，放入微波爐以 600W 微波90秒。

STEP 2

將 4 大匙的醋或檸檬汁，加入牛奶中，緩緩攪拌約 1 分鐘。牛奶中會出現一些白色塊狀物。

STEP 3

把容器中的東西倒入鋪了紗布的瀝水籃內，將液體瀝乾，然後用水沖洗乾淨。

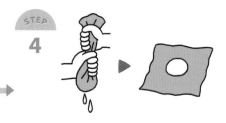

STEP 4

用紗布將白色塊狀物包住，用力擠壓，直到完全沒有水分。

＊小心別被熱牛奶燙傷。

STEP 5

使用餅乾或黏土的模型壓出形狀，或是直接以雙手捏出自己喜歡的形狀。

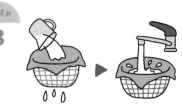

STEP 6

擦掉殘餘的水分，靜置 2 天。

白色塊狀物可以食用，吃起來的感覺像起司呢！

延伸學習

- 嘗試加上顏色吧！做法有兩種，一種是在乾掉之前以食用色素上色，另一種則是在乾掉之後以水彩顏料上色。
- 找一個普通的塑膠玩具，和本實驗製作出來的牛奶塑膠一起埋進土裡，放置一星期、兩星期、三星期之後……觀察是否有差異。

在我們生活中，
有很多東西都是塑膠材質。
找一找家裡有什麼
物品是由塑膠製成的？
塑膠雖然很方便，
但是當成垃圾丟掉時，
會汙染海洋和大自然。
那麼到底該怎麼辦才好呢？

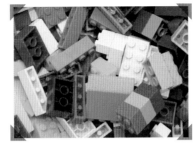

詳細 解說

？ 為什麼會這樣

　　塑膠是一種聚合物，是由相同結構的分子大量連結
而成。牛奶中包含一種名叫酪蛋白的蛋白質，在一般情
況下，這些蛋白質處於分散的狀態，但如果加熱後並加
入酸性物質，酪蛋白就會凝聚在一起。此時水分如果又
乾掉，分子就會連結形成聚合物，變成塑膠。

　　一般的塑膠，通常是以石油製成的人工聚合物。相
較之下，酪蛋白是天然的蛋白質，在土壤中能夠被微生
物分解，像這種特殊材質的塑膠，又稱為「生物可分解
塑膠」，是比較環保的材料。由此可知，被微生物分解
的現象稱為「腐爛」，這也是自然界非常重要的現象。

牛奶

聚合物

分子會連結在一
起，形成聚合物。

當水分
消失後……

酪蛋白

負電在水中會
互相排斥，所
以酪蛋白會分
散開來。

此時如果加入了酸
（H⁺），負電會被
吸走，酪蛋白會聚
集在一起。

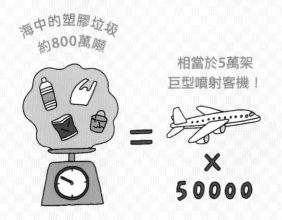

海中的塑膠垃圾
約800萬噸

相當於5萬架
巨型噴射客機！

= ✈ × 50000

！ 想要知道更多

　　根據估計，全世界每年生產 4 億噸的塑膠，其中約有 800 萬
噸會流入海中，相當於 5 萬架巨型噴射客機。根據學者估算，到
了2050年，海中的塑膠垃圾總重量會超過魚的總重量。還有一個
更嚴重的問題，就是塑膠在自然界難以分解，所以會化成塑膠微
粒（塑膠的微小碎塊），進入生物的體內。我們應盡可能不使用
塑膠，就算必須使用，丟棄的時候也要好好處理，千萬不能丟入
海中。建議和孩子們一起思考看看，在這方面有什麼是自己能做
的事情？

科學 Science · 藝術 Art

簡單 ★☆☆☆ 難易度

1小時以上 所需時間

P.7 實驗記錄本

神奇彩虹橋

所需物品

● 食用色素或水彩顏料（也可以使用水性彩色筆的墨水＊）
● 廚房紙巾
● 相同大小的透明容器6個（沒有透明的也沒關係）
● 剪刀　● 計時器（沒有也沒關係）

＊將已經不要的水性彩色筆芯抽出來，浸泡在水中，墨水就會滲透出來，變成有顏色的水。

只要使用三種顏色的水混合在一起，就會變成美麗的彩虹水！

STEP 1

在 3 個相同大小的容器中倒入一半至 4 分之 3 的水。

STEP 2

在 3 個有水的容器裡分別滴入 1 種顏色的食用色素，建議可以選擇混合後能變成彩虹的 3 種顏色。

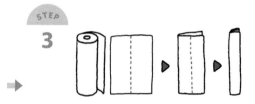

STEP 3

將廚房紙巾對折 2 次，變成條狀的紙帶。總共要製作 6 條。

STEP 4

將紙帶對摺，讓長度約等於容器的高度，多出的部分用剪刀剪掉。

STEP 5

從上面看

以空的容器將裝有色素水的容器隔開，排列成圓形。再將 STEP4 製作好的紙帶兩端分別放入不同的杯子內。準備工作到此完成。

STEP 6

前 30 分鐘，每 10 分鐘觀察一次。接下來每隔 30 分鐘或 1 小時觀察一次。

延伸學習

● 一開始如果將 3 個杯子完全裝滿有顏色的水，會有什麼結果？
● 廚房紙巾能夠用其他紙類代替嗎（例如咖啡濾紙）？
● 如果改成另外 3 種顏色，彩虹會有什麼變化？
● 可以改成使用 4 種顏色、8 個杯子嗎？

將紙帶曬乾，就變成美麗的色紙呢！

只要等一段時間，

水就會自己跑到隔壁杯子裡，

真是太神奇了！

為什麼水會被紙帶吸收呢？

生活中有什麼東西也是運用

水被吸收的原理呢？

詳細 ▶ 解說

❓ 為什麼會這樣

　　水會沿著廚房紙巾往上爬，是因為水分子滲入纖維的縫隙之中。水分子與水分子之間有著很強的吸力，會互相拉扯，所以當水分子滲入紙張的纖維縫隙裡時，會不斷把旁邊的水拉過來，就會發生水沿著纖維不斷往上爬或是不斷往下降的現象，這就稱為毛細現象。而植物也是運用毛細現象，才能將水從地底下往上吸。另外，讓水珠表面隆起的表面張力，其實也是因為水分子互相拉扯的力量太強所造成的現象。水珠表面接觸空氣的部分，因為水分子會互相拉扯，使表面隆起，形成圓弧狀。

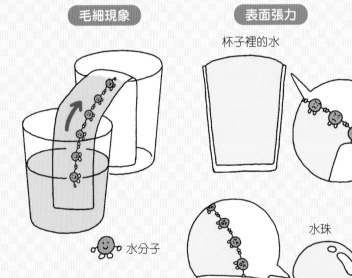

毛細現象　　表面張力

杯子裡的水

水分子

水珠

毛巾　　蠟燭的芯　　彩色筆

❗ 想要知道更多

　　在我們的生活中，有很多東西都運用毛細現象的原理，例如毛巾和衛生紙能夠吸水，酒精燈和蠟燭能夠持續燃燒，彩色筆的筆尖不管朝哪個方向都能畫出顏色，都歸功於毛細現象。

　　除此之外，還可以在什麼地方看見毛細現象？建議和孩子一起找找看。不過毛細現象當然也有壞處，例如雨水一旦滲透到牆壁的微小縫隙裡，很可能造成漏水，若是在天氣寒冷的地區，甚至可能因為水在縫隙裡結冰，將縫隙撐開，最後導致牆壁毀損。

S 科學 Science · ▲ 藝術 Art | 中等 ☆☆ 難易度 | 🌙 20分以上 所需時間 | P.8～9 實驗記錄本

將花朵和蔬菜染成各種顏色

所需物品

● 容器（寶特瓶、紙盒或不再使用的瓶子）
● 食用色素（建議使用液體狀的食用色素，或是插花專用的染色劑）
● 白色的花朵（非洲菊、康乃馨、大麗花等，也可以使用顏色較白的蔬菜，例如大白菜）
● 剪刀　● 美工刀　● 放大鏡

將白色花朵的莖放進有顏色的水裡，白色花朵會變成那個顏色嗎？趕快實驗看看吧！

STEP 1

在容器裡加入 100 毫升的水，以食用色素染色（建議多滴幾滴色素讓顏色濃一點，才會比較看得清楚花朵染色狀況）。

STEP 2
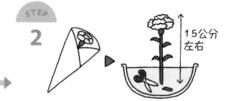
鮮花買回家後先不要碰水，靜置一個小時後再將花朵放入水中，並在水中將莖剪短至 15 公分左右。

STEP 3

將花放入裝有色素水的容器裡，注意不要讓容器翻倒（如果是牛奶盒或果汁盒，可以先把上半部剪掉）。

STEP 4

靜靜等待花朵染色。可以時而觀察一下，花朵會從什麼地方開始，以什麼方式染上顏色？

STEP 5
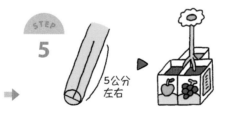
如果是莖很粗的花朵，可以試著以美工刀將莖的底部剖成 2～3 根，分別插入不同顏色的水中。

STEP 6
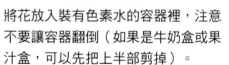
等到花朵變色之後，把莖剪下一小段，用放大鏡觀察斷面。

*要剖開堅硬的莖很容易割傷手指，一定要特別小心。如果覺得困難，建議請家長處理。

延伸學習
● 以各種不同的花卉和蔬菜試試看吧！
● 如果把兩種不同顏色混合在一起，植物吸收之後會有什麼變化？如果再加入一種顏色，會有什麼變化？
● 如果改用水彩顏料會有什麼變化？兩者差別為何？

染色完成後，插入乾淨的水裡吧！

花為什麼會染上水的顏色呢？

其實許多花店裡的花，

也是以這樣的方式為花朵上色呢！

就算是剪過莖的花，

也能將水吸到花瓣中。

它們到底是如何吸水的？

詳細 解説

? 為什麼會這樣

花瓣和蔬菜的顏色變化，是因為色素水通過莖中的導管（將水從根部運送到植物各處的管道）上升到葉子和花朵內。容器中的水進入莖，持續移動到葉子和花朵，然後轉化為水蒸氣進入空氣中，而色素則殘留在花朵內。

為了使水分在莖中持續往上升，導管內的水必須相連。在插花前，把莖剪短的步驟在水中進行的原因，是為了防止空氣進入導管中，這個做法稱為「水切」。由於水分子之間的相互吸引力很強，只要沒有空氣存在，水分子可以在莖內互相吸引，達到持續上升的效果。

導管

水切

在水中剪斷……

在空氣中剪斷……

蒸散

植物與水

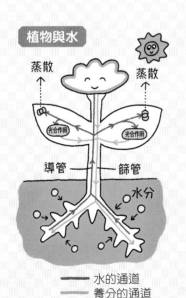

蒸散　　　蒸散

光合作用　　光合作用

導管　　篩管

水分

—— 水的通道
—— 養分的通道

! 想要知道更多

從土裡長出來的植物，要如何吸收水分呢？植物中的70％至80％是水分，且根部細胞中含有大量養分，與土壤中的養分相比更濃，基於滲透壓的原理，水會往養分較濃的地方移動，土壤中的水就會進到根部，來稀釋根部內的養分。進入根部的水分會藉由毛細現象沿著莖往上升，從葉片背面和其他各部位的孔洞，以蒸散的方式進入空氣中。

如此一來，水分就會持續往上流。水分有助於葉片進行光合作用，而光合作用產生的營養物質溶解在水中後，則通過稱為「篩管」的輸導組織運送到植物的各個部位。由此可知，植物的生長與水有著密不可分的關係。

滲透壓

土 淡

根 濃

糖分等

水分會從養分較淡的地方往較濃的地方移動。

如果施太多肥料，水分反而會從根部流出去，這樣植物就會枯死。

 科學 Science ・ 藝術 Art 中等 ☆☆ 難易度 30分以上 所需時間 P.10～11 實驗記錄本

光影遊戲

所需物品

● 與明信片厚度相當的紙卡
● 竹筷　● 剪刀　● 膠帶
● 手電筒（只有一個光源的類型）
● 身邊可以找得到的立體物（玩具、文具等）
● 彩色玻璃紙（也可以用透明的袋子以彩色油性奇異筆塗上顏色）

將燈光照在物品上，
就會出現影子。
試試看，用影子來玩遊戲吧！

STEP 1

將紙卡剪成喜歡的形狀，下方以竹筷夾住，或是用膠帶貼在筷子上當成握柄。

STEP 2

在陰暗的房間裡，把STEP1的紙卡立在平坦的地方，然後拿手電筒從各種不同的角度照射，觀察影子的長度和形狀。

STEP 3

接著將手電筒的光對準牆壁，拿著紙卡在牆壁與手電筒之間來回移動，觀察影子的大小與變化。

STEP 4

將手邊的立體物擺上去，拿手電筒從各種不同的角度照射，觀察影子有什麼不同。

STEP 5

將手電筒用玻璃紙蓋住，再用膠帶或橡皮筋固定。注意觀察，燈光的顏色改變之後，光影有什麼變化？

STEP 6

如果有兩支手電筒，可以從不同角度同時照射，觀察影子變成什麼顏色。

使用雙手和身體各部位，也能製造各種有趣的影子！

延伸學習

● 嘗試組合搭配紙卡和立體物，讓影子變成有趣的形狀。
● 使用積木之類的道具立一張白色圖畫紙，從背後照射燈光，將東西放在紙的後方，看起來就像皮影戲。可以和同伴互相猜測擺了什麼東西，也可以構思一齣戲劇。

影子遊戲好有趣！

出門在外的時候，

也可以觀察各種影子的形狀！

什麼地方會有影子呢？

中午的影子和傍晚的影子有什麼不同？

怎麼判斷影子的長度和方向？

詳 細 ▶ 解 說

❓ 為什麼會這樣

　　光線會筆直前進，遇到障礙物沒有辦法穿透，所以障礙物的後方會出現光線照不到的區塊，形成影子。太陽光是從非常遙遠的地方照向地球，是一種「平行光線」，相較之下，手電筒的光線則是向外擴散的「放射狀光線」。因為這個緣故，在手電筒的光線前移動物體，影子的大小會跟著改變。

　　如果使用玻璃紙，讓兩種顏色的光線互相重疊，又會出現什麼情況呢？答案是兩種光線同時照到的區域，光線的顏色會混合在一起。而一邊的光線被擋住，就只會有另一邊的光線照到，因此便出現有顏色的影子。

太陽的影子

平行光線

光線

影子

手電筒的影子

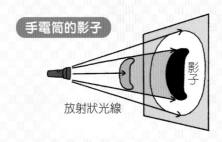

影子

放射狀光線

兩種顏色的光線同時照射

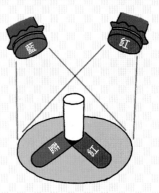

藍　　紅

只有藍色光線被遮住的區域，會出現紅色影子。
只有紅色光線被遮住的區域，會出現藍色影子。

❗ 想要知道更多

　　太陽光造成的影子會隨著時間和季節而改變，是因為受了太陽的高度和方位影響。有一種能夠靠太陽的動向得知時間的裝置，稱為「日晷」。這種裝置通常設置在學校或公園裡，找一找哪裡有這種裝置吧！

　　你曾經看過太陽照射地球造成的影子嗎？事實上太陽永遠照著地球，所以隨時都有地球的影子，只是因為沒有可以投射影子的平面，一般情況下我們沒有辦法看到地球的影子。只有在一種情況下，我們才可以看到地球的影子，就是發生月食的時候。所謂月食，其實是月球進入地球的影子之中。以前的人會知道地球是圓的，正是因為看見了月食的關係。

月食發生的原因

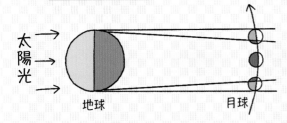

太陽光

地球　　　　　　月球

57

在水中現身的圖畫

所需物品

● 廚房紙巾　● 剪刀　● 杯子

● 油性彩色筆　● 扁平的盤子

● 透明塑膠片（可以用透明的資料夾或裁剪後的塑膠袋代替）

這個有趣的實驗，可以藉由水的力量，將兩張圖畫重疊在一起！

STEP 1

從中間剪開紙巾，變成細長狀。

STEP 2

將紙巾對摺，留下摺痕再攤開。

STEP 3

使用油性彩色筆在上半部畫圖。為了避免顏色互印，先放上一塊透明塑膠片，然後再把下半部往上摺。

STEP 4

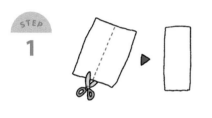

在對摺後的正面畫另一幅畫（可以放在窗戶上畫，或是拿燈光從下方照射，這樣就能看見下面的畫）。

STEP 5

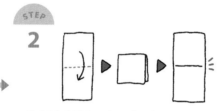

拿掉透明塑膠片，將對摺的紙巾放在盤子裡，將杯子中的水慢慢倒入盤子中。

STEP 6

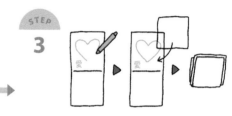

仔細觀察，下面那幅畫會慢慢顯現，兩幅畫重疊了！

延伸學習

● 想一想，上下紙張各要畫什麼圖畫，重疊的時候才會比較有趣？

● 把一串文字分別寫在上面和下面的紙上，就可以變成只有在水中才能顯現的暗號。

● 如果用可溶於水的水性彩色筆來畫，會有什麼結果？

● 試一試，使用其他種類的紙張，哪種紙張的效果最好？

也可以用來寫一封祕密書信！

廚房紙巾一溼掉，
就能看見底下的圖案了。
找一找生活周遭，
是不是也有類似的現象，
能夠變白或變透明的呢？
還有什麼東西，
溼掉時顏色會改變？

詳細 解說

? 為什麼會這樣

　　白色的雪一融化就會變成透明的水，是因為雪的表面凹凸不平，光線會往不同方向反射，而當所有顏色的光一起反射到眼睛時，看起來就會是白色的，這個現象稱為「漫射」。當雪融化成水時，光線會直接穿過水，就不會有顏色反射到我們的眼睛，因此，它看起來是透明的。廚房紙巾也是一樣，表面有凹凸不平的纖維，會形成光線的漫射，但是當它溼掉之後，水會滲入紙張纖維中，光線就能直接穿透，這樣一來，下面的圖案就會浮現了。海水是透明的，但波浪看起來是白色，也是因為波浪中的泡沫引起漫射現象。

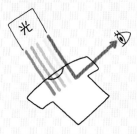
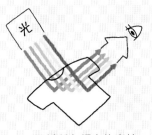

只反射紅色光線（看起來是紅色頻率的光線），所以呈現紅色。

反射所有頻率的光線，所以看起來是白色。

漫射

溼掉之後……

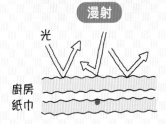
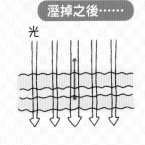

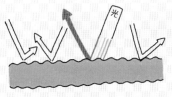

乾的衣服
因為漫射的緣故，看起來是白色的。

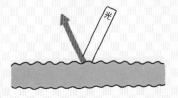

溼的衣服
漫射現象減少了，比較能看見衣服原本的顏色。

! 想要知道更多

　　不透明的毛玻璃是藉由在玻璃表面製造微小的刮痕，引發漫射來造成模糊效果。試著在毛玻璃上貼一張透明膠帶，就能讓表面的凹凸消失，毛玻璃就會變透明了。找一找，還有什麼東西會出現變白或變透明的現象？

　　另外，把水灑在乾燥的石頭上，石頭顏色會變得鮮豔，而衣服被水沾溼時顏色會變深，也是相同的道理。當物體處於濕溼狀態，表面會因為水膜而變得平坦，使漫射效果減弱，因此可以看到原本的顏色。

科學 Science ・ 工程 Engineering ・ 藝術 Art | 簡單 －☆☆☆－ 難易度 | 🌙 30分 所需時間 | ▢ P.13 實驗記錄本

?1

水果船漂漂池

所需物品

- 各種不同的水果
- 牙籤或竹籤
- 色紙
- 膠帶
- 剪刀
- 菜刀或水果刀
- 砧板
- 湯匙
- 大碗公或水槽

在水果表面
插上旗子,
就能變成可愛的小船!
試一試,水果船到底
會浮起還是下沉呢?

STEP 1

將水果對切一半。如果是帶皮的水果,將其中一半的皮削掉。

STEP 2

將色紙剪成三角形,用膠帶貼在牙籤上,或是將色紙剪成四邊形,用竹籤穿過,當成船帆。

STEP 3

把船帆插在切好的水果上(使用牙籤要小心,不要刺傷自己)。

STEP 4

在大碗公或水槽裡裝水,放入各種水果船,觀察會浮起還是下沉。

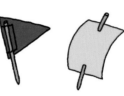

STEP 5

將水果切得更小塊,或是改變船的形狀,觀察看浮起還是下沉。

STEP 6

挑出會下沉的水果,把中間的果肉挖空,再試看看會浮起還是下沉。

*使用刀子切水果的時候,家長一定要在旁邊陪同,或是由家長幫忙處理。
另外也要小心不要被竹籤或牙籤的前端刺傷。

放入水中之前,先猜一猜
會浮起還是下沉!

延伸學習

- 拿一杯水,在裡面加入砂糖或糖漿攪拌均勻,把會下沉的水果切一小塊放進去看看會不會下沉。如果還是會下沉,就再加入一些砂糖或糖漿。一直到最後還是會下沉的水果,吃起來是什麼味道?
- 接著試試各種蔬菜會浮起還是會下沉,是否和原本的預測一樣?

同樣是很甜的水果，
有些會浮起，有些會下沉，
真是太神奇了。
有什麼水果是你原本以為會下沉，
結果竟然浮了起來？
那麼鋼鐵製的船應該非常重，
為什麼能夠浮在水上？

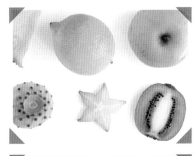

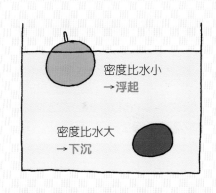

詳細 ▶ 解說

? 為什麼會這樣

物體在水裡會浮起還是下沉，取決於物體與同體積的水相比的重量，是比較重（密度比水大）還是比較輕（密度比水小）。水果含有大量水分，而這些水分中含有大量糖分，照理來說每種水果應該都會下沉才對，但實際上有許多水果會浮起來，這是因為水果內含有空氣的關係。特別是在果皮內，或是果皮和果肉之間，往往有空氣。正因如此，有些水果在保留果皮時會浮起，削去果皮後會沉入水中。

另外，不同的切法也會產生不同的結果。由於切割會改變重心，因此在插上船帆時也需要一些技巧。有些水果只要將內部挖空，就會像船隻一樣浮起來。快來嘗試各種不同的方法，讓水果浮起來吧！

密度比水小
→浮起

密度比水大
→下沉

! 想要知道更多

在一杯沉著各種水果的水裡，加入砂糖或糖漿，會發生什麼事？當水中溶入其他物質，密度就會變大，這樣就能讓更多東西浮起。所以在水中持續加入砂糖或糖漿，照理來說會從密度最小的水果開始陸續浮起。在帶有鹹味的海裡游泳，身體會比在淡水裡游泳容易浮起，也是相同的道理。

為什麼鋼鐵製成的船能夠浮在水上？這與船的形狀有關，在正常情況下，鐵塊當然無法浮在水上，但如果鐵塊的內部有著夠大的空洞，鐵塊就會浮起了。當我們把一個物體放入水中時，這個物體會承受一股向上推擠的力量，稱為「浮力」。浮力等同於這個物體所排開的水的重量，船正是根據這個原理，在形狀上設計成內部含有大量的空洞，讓整艘船的重量低於船身排開的水的重量，船便會浮在水上。

船浮在水上的原理

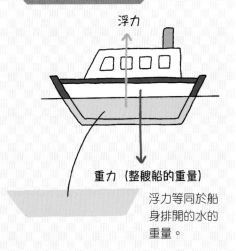

浮力

重力（整艘船的重量）

浮力等同於船身排開的水的重量。

用廣告單和雜誌做出樂器

所需物品

● 廣告單、月曆、雜誌等表面光滑的紙
● 膠水　● 剪刀
● 色紙或奇異筆（裝飾用）

平凡無奇的廣告單，竟然會變成能夠發出各種聲音的樂器！

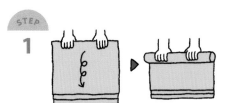

STEP 1

拿 3 張紙重疊，像圖中這樣稍微錯開後捲成直徑約 2 公分的圓筒狀。

＊紙會有一個方向比較好捲起，可能是縱向，也可能是橫向。

STEP 2

要捲得整齊一點，注意左右兩側不要凸出來或凹進去。捲完之後使用膠水固定。

STEP 3

嘗試拿著圓筒敲打桌子、拿木棒敲打圓筒，或是讓圓筒掉在地上。什麼聲音最好聽呢？

STEP 4

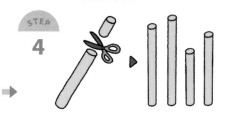

製作出幾根相同粗細的圓筒，一邊確認聲音，一邊將圓筒剪短。讓數根圓筒的長度都不相同，就可以演奏了。

STEP 5

接著嘗試挑戰精準的音階。依照順序製作會比較容易，訣竅是拿 2 個聲音來比較，例如 Do 和 Re、Mi 和 Fa。

STEP 6

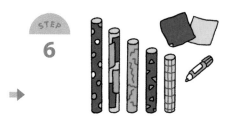

完成後，可以貼上色紙或塗上顏色裝飾，變成自己專屬的樂器。

延伸學習

● 把圓筒的前端封住，讓空氣跑不出去，音高也會跟著改變。試看看，聲音是變高了，還是變低了？
● 準備多個碗並裝入不同的水量，拿筷子輕敲這些碗，也可以製造出音階喔！以身邊的東西製造出各種樂器，和朋友舉辦一場演奏會吧！

大家一起發出聲音，一定很有意思！

改變圓筒的長度，
聲音的高低也會跟著改變！
很多樂器其實都是以不同長度的
圓筒或板子製造出來的！
觀察看看，其他的樂器
是如何改變音高呢？

詳細 ▶ 解説

❓ 為什麼會這樣

當物體振動時，會帶動周圍的空氣一起振動，這時就會產生聲音。振動的空氣會帶動耳朵裡的鼓膜，於是我們就會聽見聲音。聲音的高低取決於聲波的長度（波長）。波長越短，聲音就越高；波長越長，聲音就越低沉。

利用圓筒內空氣柱的振動而發出聲音的樂器，如果圓筒越短，聲音就越高；圓筒越長，聲音就越低沉。這是為什麼呢？在兩端都呈開放狀態的圓筒內，聲波的形狀就像圖1，中央有個彎折，兩端向外延伸。就算是更長的圓筒，聲波的形狀也大致相同，只是拉得更長而已如圖2。換句話說，圓筒越長，波長就越長，所以聲音也就越低。

鼓膜

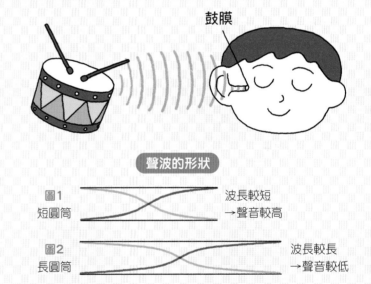

聲波的形狀

圖1
短圓筒
波長較短
→聲音較高

圖2
長圓筒
波長較長
→聲音較低

敲打　摩擦　吹

❗ 想要知道更多

樂器演奏的方式，大致可以分為3種，敲打的「打擊樂器」、摩擦的「弦樂器」和吹奏的「管樂器」。觀察看看，一般我們熟悉的各種樂器，分別屬於哪一種？這些樂器是如何改變音高呢？不過，像鋼琴這種使用琴鍵發出聲音的樂器是屬於哪一類呢？如果把鋼琴的琴蓋打開，會看見類似鐵鎚的東西，敲打在長度和粗細都不一樣的琴弦上。這種發出聲音的方式，是打擊樂器還是弦樂器？事實上，這有另外一種特別的稱呼，稱為「擊弦樂器」呢！

什麼是「成長型思維」？

在 STEAM 教育中，學者認為「成長型思維」是讓孩子持續成長的關鍵。這個概念由史丹佛大學心理學權威卡蘿・德威克（Carol S. Dweck）教授提出，在全世界的學校和企業中受到關注。

德威克教授發現人的思維模式可以分為兩種類型。一種是「固定型思維」，認為才能和能力皆固定不變；另一種是「成長型思維」，認為透過努力和經驗可以促使一個人成長。這兩種思維方式存在以下的差異：

固定型思維 ▶ 逃避挑戰／遇到阻礙就會放棄／無視他人的批評和指正／害怕他人的成功

成長型思維 ▶ 積極面對挑戰／遇到阻礙時不會輕言放棄／能夠從他人的批評和指正中學習／得知他人的成功會受到激勵

如何讓孩子擁有「成長型思維」？最重要的一點就是當孩子遇上某件事情做得不好時，要讓孩子相信自己只是「還不會」而已。舉例來說，當孩子不擅長游泳時，如果認為「我就是不會游泳」，孩子可能會就此放棄。但如果能讓孩子認為「我只是還不會游泳」，可能就會向擅長游泳的人尋求建議，嘗試不同的方法，讓自己學會游泳。在歐美國家，甚至有學校將這種「相信你能進步的力量」（The Power of Yet）當作小學生的初期學習課程之一，可見這樣的觀念在歐美已廣為教育界所接受。

在進行 STEAM 活動時，家長的鼓勵和引導也可以幫助孩子培養「成長型思維」。對於孩子的發言，可以嘗試使用以下的「轉換」方法：

「我不擅長這個。」、「我做不到。」 ▶▶▶ 「你只是還沒學會而已！」

「我做錯了。」、「我失敗了。」 ▶▶▶ 「因為這是你第一次嘗試，要學的還很多呢！」

「我沒辦法做得像〇〇那麼好。」 ▶▶▶ 「那你應該仔細觀察〇〇是怎麼做到的。」

只要在實踐中反覆練習，一定能夠讓孩子擁有「成長型思維」的！

第 **3** 章

自由研究時間！
STEAM 任務挑戰

這個章節的活動可以說是STEAM教育中的精華！在這裡，只有「任務」和「規則」，沒有標準答案，孩子必須自行想辦法解決問題或創造事物。

用牙籤和軟糖組合出各種形狀

給你的任務！

使用牙籤和軟糖
製作出各種不同的東西！

規則 1

要小心別被牙籤的尖端刺到。

規則 2

軟糖可以偷吃幾顆就好，
不可以吃光光喔！

所需物品
- 棉花糖、軟糖（也可以使用小包裝的起司塊、豆子、葡萄或切成小塊的蘋果）
- 牙籤

STEP 1 將牙籤插在糖果上，組合成喜歡的樣子。

STEP 2 首先嘗試平面的形狀。

STEP 3 熟悉操作之後，可以開始挑戰立體的形狀，也可以越疊越高，看看最後能變多高？

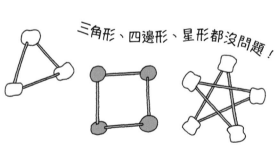

三角形、四邊形、星形都沒問題！

也可以製作成
動物或人的形狀。

可以嘗試

這些挑戰

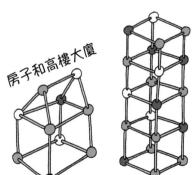

房子和高樓大廈

也可以試試看！

說不定可以建立一座遊樂園或城市呢！

只是將軟糖用牙籤連起來，

竟然可以組合出

這麼多不同的形狀！

一起觀察看看

生活周遭的建築物，

是由哪種有趣的形狀組合而成呢？

詳細 ◀ 解説

? 為什麼會這樣

　　這是個只用簡單材料，卻能夠獲得無限樂趣的活動，完全取決於創意和想像力。使用牙籤作為邊緣，糖果作為頂點，創造出各種平面和立體結構。可以在吃點心之前稍微嘗試一下，也可以和家人一起合作創造一個大作品。

　　首先讓孩子自由嘗試，家長只要給予一點提示，孩子應該就能夠掌握技巧，發揮無窮的創造力，或是家長選擇一個主題，例如遊樂園、雪花、城市等，一起陪孩子思考這個主題可以做出什麼東西。此外，也可以進行更進階的挑戰遊戲，例如試試看能夠蓋得多高，或是在桌子之間搭建橋樑，放上玩具車，甚至可以讓孩子組合不同大小和顏色的糖果，注重設計的細節，創造出更加意想不到的作品！

! 想要知道更多

　　由於牙籤的長度相同，所以可以做出各種正多邊形，例如用 3 根牙籤和 3 顆糖果構成一個正三角形，4 根牙籤和 4 顆糖果構成一個正方形，以及正五邊形、正六邊形……以此類推。這樣孩子就可以實際體會到每個圖形的頂點和邊的數量，以及內角的大小，也可以將多邊形作為底面，連接到一個頂點上，構成角錐。

　　如果組合出兩個相同形狀的多邊形，並將它們的頂點垂直連接，就會形成角柱。也可以不斷堆疊角柱，變成像大樓一樣的結構，再加上屋頂變成一棟小房子。接著挑戰製作正八面體、正二十面體等多面體，或是使用三角形的結構，打造出堅固的橋梁。試著讓孩子參考各種圖形和建築結構，來啟發無限的創意吧！

正多邊形

正三角形　　正方形　　正五角形　　正六角形

角錐　　角柱　　正多面體

正四角錐　　正五角柱　　正八面體

21

工程 · 藝術
Engineering · Art

中等
—★★☆☆—
難易度

1小時
所需時間

P.17
實驗記錄本

在家裡打造紅外線迷宮

給你的任務！

使用膠帶和繩子，
在家裡打造一座迷宮吧！

規則 1

在家中前進的時候
不能碰到膠帶和繩子。

規則 2

不要在樓梯等有摔倒危險的地方
進行這個活動。

所需物品
- 塑膠繩、紙膠帶、緞帶、毛線等
- 低黏性膠帶

STEP 1 使用繩子連結牆壁、地板、椅子、桌子、門把、扶手、抽屜握把等。（建議一邊用綁的，另一邊用膠帶貼住。）

STEP 2 在迷宮中前進的時候，沿路上身體不能碰觸到繩子。可以在終點處放置玩具之類的「獎品」，玩起來會更加刺激。

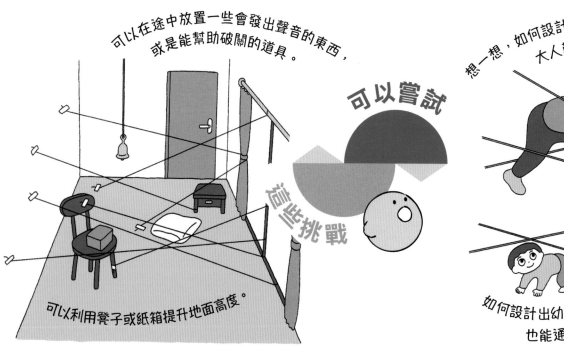

可以在途中放置一些會發出聲音的東西，或是能幫助破關的道具。

可以嘗試

這些挑戰

可以利用凳子或紙箱提升地面高度。

想一想，如何設計出大人難以通過的路線？

如何設計出幼小的孩童也能通過的路線？

你曾在電影或動畫中，

看過一邊閃避雷射光線，

一邊前進的橋段嗎？

快來運用你的智慧，

模擬電影情節設計出有趣的路線吧！

接著運用你靈活的身體，

巧妙的走到終點！

可以找家人和朋友一起玩，

或是舉辦一場比賽，絕對會很刺激！

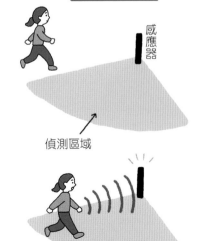

詳細 ◀ 解說

? 為什麼會這樣

　　這個活動會動用到全身，所以對運動不足的人來說，具有健身的效果，而且在孩子眼裡，這絕對是個令人興奮的遊戲。透過自己設計路線，培養孩子的創造力，同時在預測路線和思考身體動作的過程中，也能培養解決問題的能力。還可以讓孩子根據不同的挑戰者，嘗試調整挑戰的難度。降低難度的方法有很多種，例如將「觸碰到繩子就算失敗」改成「繩子掉落才算失敗」。

主動式感應器　　　　　**被動式感應器**

偵測阻擋或反射紅外線
的物體

偵測進入範圍內物體
所發出的紅外線

! 想要知道更多

　　現代的防盜系統結合感應器和攝影鏡頭，精確度相當高。各類防盜系統中，紅外線感應器主要分為「主動式」和「被動式」兩種類型。主動式感應器會發射紅外線光束，並偵測阻擋或反射光束的物體，由於靈敏度較高，通常運用在建築物的外圍。被動式感應器則是偵測進入範圍內物體所發出的紅外線，當物體的溫度越高，發出的紅外線就越強，感應器可以檢測到這種變化。

　　自動感應裝置也是利用這種原理。雖然像電影中穿越雷射光束的場景在現實中可能並不存在，但如果孩子對此感到興趣，不妨讓孩子探索一下生活周遭的感應器運作原理。

科學 Science · 工程 Engineering

中等 ★★☆☆ 難易度

30分鐘 所需時間

P.18 實驗記錄本

28

蓋出最高的報紙塔

給你的任務！

使用6張報紙和膠帶，
打造出最高的高塔。

規則 1

報紙可以摺疊，也可以剪開。

規則 2

放開雙手10秒鐘，
報紙塔沒有倒下，
才能算是合格的高塔。

所需物品
- 6張報紙（也可以使用廣告傳單或廢紙）
- 膠帶　● 剪刀　● 尺

STEP 1 可以一個人玩也可以和朋友舉辦團體賽。首先預留一段策略思考時間（約 5 分鐘），讓大家討論和畫設計圖。

STEP 2 進入製作時間。可以自行訂定適當的時間限制，建議在 5 分鐘 ～ 30 分鐘之間。

STEP 3 放開雙手 10 秒鐘，報紙塔沒有倒下，就是合格的高塔。可以用尺測量高度並拍照記錄。

應該製作成頂端尖尖的塔？

還是像高樓大廈一樣方方正正的塔？

先把報紙摺成立方體，再疊起來或許是個好主意？

可以嘗試 這些挑戰

把報紙捲起來，疊成像柱子一樣如何？

先製作出非常穩的底座，然後上面的部分做得細長狀如何？

將報紙塔蓋得非常高的技巧
絕對不只有一種。
多嘗試幾次看看，
或許就能找到訣竅！
你知道世界上有哪些
知名的高塔或大樓嗎？
為了蓋出高聳的建築物，
需要運用什麼建築技巧呢？

詳細 解說

？ 為什麼會這樣

「報紙塔」是一個從幼兒園到企業都很喜歡實施的活動，因為這個活動可以增強成員們的團隊合作能力，以及幫助成員釐清解決問題的過程和步驟。藉由團隊合作，成員們可以共同提出想法，接受其他人的好點子，分配職責，朝著相同的目標努力。在合作的過程中，就會自然而然學會以上這些重要的能力。

此外，建議在完成一座塔之後進行反省，討論和思考如何將塔做得更高，然後再次嘗試。如此一來，就可以體驗工程學的執行迴圈：構思點子→制定計畫→建造和測試→加以改良。

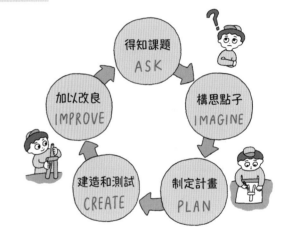

！ 想要知道更多

提到高塔，大多數人可能都會想到東京鐵塔或艾菲爾鐵塔。艾菲爾鐵塔採用輕巧而堅固的鋼骨桁架結構，將細長的鋼骨連接成三角形，大幅打破當時的最高記錄，高達324公尺。

如果一個人張開雙腳站立，會比合併雙腳站立更不容易倒下，相同的道理，廣大的支柱底座在結構上也更有優勢。艾菲爾鐵塔正是依據這個原則，底座大幅向外擴張，從上方來看，四根腳柱排成了正方形。相較之下，東京晴空塔由於場地狹小，為了盡可能提升腳柱寬度，改採三根腳柱呈正三角形排列。從塔身的細長化，可以看出建築技術隨著時代不斷進步。仔細觀察實際的高塔形狀，或許可以找到將報紙塔製作得更高的竅門呢！

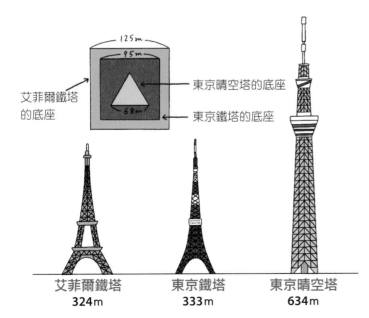

艾菲爾鐵塔
324m

東京鐵塔
333m

東京晴空塔
634m

會自動行駛的玩具車

給你的任務！

不能碰觸玩具車，
讓它自己在路線上移動。

規則 1

玩具車起步之後，就不能用
雙手觸摸，也不能拿東西碰到它。

規則 2

不能故意讓桌面傾斜，
也不能用繩子拉。

所需物品

● 玩具車數臺　● 平坦的桌面　● 低黏性膠帶

● 紙張、吸管、氣球、磁鐵、絲線、橡皮筋……
每個人需要的工具可能都不相同！

STEP 1 將膠帶貼在桌面上，規畫出路線。

STEP 2 在玩具車上裝設機關，讓它會自動前進。可以安排時間限
制，好幾個人一起接受挑戰。

STEP 3 將裝設完機關的玩具車放在路線上，比一比，誰的車子先
從桌子的這一頭移動到另一頭。

有沒有辦法利用橡皮筋回彈的力量？

可以嘗試　這些挑戰

在玩具車上
裝設風帆如何？

洩氣的氣球，或許能派上用場……？

或許能夠使用磁鐵
同極相斥的原理？

N S　S N

玩具車和現實中的汽車，

都是使用圓形的輪胎，

這是為什麼呢？

輪胎如果是三角形或四角形，

還能往前走嗎？

實際測試看看吧！

想一想，汽車前進的原理是什麼？

詳細 解說

？ 為什麼會這樣

為了讓物體滾動，圓形和其他形狀相比於推、拉或抬起的方式，所需要的力量要小得許多，而車輪正是利用這個原理的工具。車輪被認為是歷史上最重要的發明之一，自古以來就使用於運輸行為上。

車輪的起源，可以追溯到將圓形木頭放在石頭底下使其滾動的機制，後來逐漸發展成車輪和車軸的結構。玩具車也一樣，不管是裝設風帆使其承受風力，或是利用磁鐵同極相斥的力量，還是利用從氣球中釋放氣體產生的反作用力等，力量其實都相當微小。因此，玩具車僅靠這麼小的力量就能移動，其實全都得歸功於圓形的車輪呢！

車輪的發明

將圓形木頭放在底下滾動的機制

發展成車輪

！ 想要知道更多

20世紀的汽車動力來源，主要是使用燃料爆炸產生能量的內燃機關，例如汽油引擎，也因為這項技術上的成熟度和性能，使其成為汽車動力來源的主流。

然而，隨著全世界對廢氣所造成的環境影響越來越關注，汽車的動力來源正面臨著重大轉型時期。我們必須找到一種方法，既能夠擁有內燃機關歷經上百年改良所獲得的方便、性能和低成本，並同時大幅減少環境的負擔。相信孩子透過在家中尋找玩具車的動力來源，長大之後能夠和全人類共同面對這個全球性的挑戰，也希望藉由這個活動，孩子能感受到挑戰沒有標準答案的樂趣！

30 設計出雞蛋不會摔破的保護裝置

給你的任務！

設計出一種保護裝置，
把雞蛋放在裡面，
讓雞蛋被丟到地上時不會破掉！

規則 1

只要丟在地上的雞蛋沒有破裂
或出現裂縫，就成功了！

規則 2

請不要使用破碎之後
會非常危險的材料。

所需物品
- 雞蛋
- 小夾鏈袋
- 紙張、吸管、氣球、海綿、繩索、橡皮筋、包裝材料……每個人需要的工具可能都不相同！

STEP 1 使用手邊的材料製作裝置。可以事先設定時間限制，例如思考時間 5 分鐘，製作時間 30 分鐘。

STEP 2 把雞蛋放入裝置中。（只要先將雞蛋放入夾鏈袋，就算破了還是可以吃；或是直接使用已經煮熟的水煮蛋。）

STEP 3 實際把裝置丟在地上。裝置是否發揮了保護雞蛋的效果？

或許可以用一些柔軟的東西，把雞蛋包起來？

可以嘗試

這些挑戰

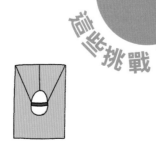

或許可以懸吊在

某種容器裡？

如果裝上降落傘或葉片，或許能夠讓雞蛋慢慢降落？

讓包覆在外面的材料
代替雞蛋破損，
或許是不錯的做法？

找一找，你的生活周遭，

有什麼工具是用來保護東西不破損？

包裹裡的氣泡紙、運動鞋的鞋底、

包覆水果的泡棉網……

想一想，太空探測器有什麼保護機制，

在降落的時候不受損呢？

詳細 ◀ 解說

❓ 為什麼會這樣

　　這個「不摔破雞蛋的實驗」，盛行於世界各地的學校和教育機構。裝置的設計理念基本上大同小異，可能是裝設降落傘或葉片，利用空氣阻力降低速度，可能是使用緩衝材或是易破損材料來保護並吸收衝擊力道，當然也可能同時使用上述兩種方法。這個實驗可以透過增加落下的高度、限制使用的材料（如只能使用一張厚紙板和膠帶）或盡量減輕裝置的重量等不同的條件來增加難度。只要上網搜索「雞蛋掉落比賽」或「Egg Drop Project」，就可以看到世界各地挑戰者的創意想法。

緩緩降落

吸收衝擊力道

火星探測漫遊者的降落方式

降落傘降低速度　　火箭噴射降低速度　　利用氣囊在地面上彈跳

月球探測器好客號的降落方式

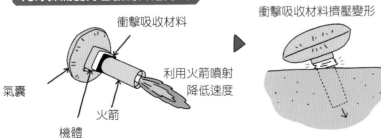

衝擊吸收材料

氣囊

火箭

機體

利用火箭噴射降低速度

衝擊吸收材料擠壓變形

❗ 想要知道更多

　　在我們的生活周遭，有許多吸收衝擊的技術，但在地球之外，太空探測器所承受的巨大衝擊絕對超乎我們的想像，與地球上的情況不可比擬。

　　例如美國的 NASA 於2004年，成功降落火星的火星探測漫遊者，在降落時先使用降落傘和火箭噴射進行減速，接著將探測器分離，在火星表面數次彈跳，利用氣囊吸收碰撞衝擊。而由日本 JAXA 研發的世界最小型月球無人探測器「好客號」計畫藉由火箭進行減速，並使用 3D 列印技術的可變形金屬海綿材料和氣囊，來保護其機體設備。雖然最後因為通信故障而放棄月球著陸計畫，但其基本原理與本次活動中所學的相同，都是在於保護主體免受衝擊的影響。

「開拓未來的創造性」

Sputniko!（史普尼克姬）是一位英籍的日本藝術家，同時也是設計師和企業家，透過影像作品和裝置藝術，引領大眾思考科技所帶來的變革。她的父母都是數學領域的學者，所以自身也鑽研數學、計算機科學和藝術領域，這也使她輕而易舉的跨越現有的藝術範疇，成為 STEAM 領域中備受關注的人才。因此，我們向 Sputniko! 提出了關於她的童年、對未來教育的觀點以及育兒方面的問題。

（此專訪原刊於STEAM JAPAN網站，本篇為經過編輯和增修的版本）

——請問你小時候的興趣為何？

我的父母是數學家，所以我從 6 歲就開始接觸電腦，我會利用電腦畫畫，例如使用不同的圖形組合做出火車之類的東西，只要有電腦就能進行創作，因此，我從小就有自己製作東西的興趣，相當熱衷於創造活動。小時候，女孩的玩具大多都是粉紅色，而且類型功能大同小異，我對這些東西沒有很大的興趣，所以就算有人送我芭比娃娃，我也會把它徹底拆解後再重新組裝，我就是一個喜歡改造玩具的孩子。

——看來你從很小的時候，就體驗到透過科技進行創作的樂趣。作為一位藝術家，你現在也在不同領域展現跨界的才華，如藝術跨足科學、藝術跨足科技等，這些都與 STEAM 相關。你對於這種相乘的力量有什麼感想？

只要學了新科技，或許可以成為一名工程師，但如果能進一步了解藝術和設計，就會產生更具創意的想法。學校的學習內容和考試範圍，往往是過去發生的事情，但是要推動世界的發展，除了參考過去的經驗，更重要的是如何在完全陌生的未來中積累經驗，創造出全新的產品或機制。

——隨著AI和新科技的發展，如今我們的社會快速變化，有很多人擔心自己的工作會逐漸被AI取代。你認為現在的孩子應該如何學習，才能適應未來的世界？

這個問題的答案非常明確。AI能夠做到的事情，是針對人類給予的目標，以最快的速度找出實現的方法。但是AI沒有辦法自己設定目標或問題，只能等待人類給予，所以還是必須先由人類想出議題或問題。而且每個時代對好壞的判斷基準並不一樣，AI卻只能根據過去的基準進行判斷。今後人類要做到AI做不到的事情，就必須致力於學習好壞的判斷，以及問題的發現與提出。

——對於這些未來社會的主人翁，你認為 STEAM 教育應該朝什麼方向發展？

大部分人可能會以為 STEAM 教育是一種教導與學習的機制，然而，實際上 STEAM 與實現創意有著密不可分的關係，如果只把 STEAM 教育當成一種學習，一定會無法達到預期的效果。想要推廣 STEAM 教育，我認為最快的方法，就是讓孩子在十多歲的時候，就理解到自己是社會的一分子，有義務參與解決這個社會的課題。在這樣的前提下，孩子必須具備投入創造的決心，並擁有深信自己做得到的信心。

——創造性在未來只會越來越重要，你認為培養創造性的訣竅是什麼？

創造性的訣竅在於累積各方面的經驗，將各領域的資訊輸入到腦海中。如果只專精單一領域，視野容易變得狹隘。只有接觸各種不同的訊息，才能加深理解與認同，而唯有認同，才能進一步發現課題並且設法解決。

——你在2021年產下一位千金。請問在育兒教育中，你有什麼願景？

我女兒現在年紀還小，我目前能做的只是陪伴在她的身邊。對於今後的教育方針，我沒有太多想法，只希望能夠打從心底和她一起享受她感興趣的事情。至於我的夢想，則是希望當女兒再大一點，能夠和女兒靠程式設計創造出一些東西。

©MAMI ARAI

Sputniko!

出生於東京都。是一名藝術家，也是東京藝術大學設計科副教授。畢業於倫敦帝國學院數學系。獲得學士學位後，於英國皇家藝術學院（RCA）修讀碩士課程的期間，持續創作設計作品，審視和討論科技帶來的社會變化。自2013年起擔任麻省理工學院（MIT）媒體實驗室助理教授，領導設計虛擬實驗室。曾任東京大學研究所特聘副教授，其後轉調現職。最近參展的主要展覽包括2021年的「deTour 2021設計節」（香港）、2019年的「未來與藝術展」（森藝術館）、CooperHewitt設計三年展（CooperHewitt，美國）、以及「BROKEN NATURE」（第22屆米蘭三年展，義大利）。2013年榮獲VOGUE JAPAN「年度女性」獎、2016年榮獲第11屆「L'Oréal-UNESCO日本優秀女性科學家獎」特別獎。2017年獲世界經濟論壇選為「年輕全球領袖」，2019年獲選為TED研究員。著有《突破界限的力量》（暫譯）一書，合著有《在網絡上進化的人類》（暫譯，伊藤穰一 監修）等作品。

「未來教育將因 STEAM 而改變」

山內祐平教授致力於研究資訊化社會中的學習方式以及設計學習的環境，自 2020 年起，獲得了 Makeblock 企業的支持，開始進行關於 STEAM 教育的研究。其研究目標是找到專屬日本的 STEAM 教育方式，並實際運用於教育活動，研究領域從彙整 STEAM 教育的理念，延伸到實際課堂和教材開發。除了這些成果，STEAM JAPAN 總編輯還針對當前教育活動的變革與家長們該如何應對等方面，徵詢了他的意見。

（採訪者：STEAM JAPAN 總編輯／井上祐巳梨）

——對於投入 STEAM 研究有 2 年之久，請問目前有什麼感想？

我們致力於為國小和國中設計 STEAM 教育的課程方案，在研究的過程中，我發現教育者對 STEAM 中「A」的理解方式，可以大幅度改變課堂教學的面貌。最開始，針對這個「A」就有兩派觀點，一派是將「A」理解為「人文教育（Liberal Arts）」，也就是國語、社會等「素養」領域；另一派則是將「A」理解為「藝術（Arts）」，也就是充滿創意的美術和設計領域。我們所做的研究，並不是在這兩種觀點中選擇其中一種，而是同時在這兩種觀點的基礎上進行思考。因此，我們的課程方案範圍非常廣泛，從解決社會問題，到進行媒體藝術創作，都在涉獵的範圍之內。正因為「A」並非只有單一意義，所以存在著無限的發展空間，到目前為止加入「A」的好處主要有兩種說法，第一是透過藝術可以使科學技術更容易親近，第二則是藝術可以成為創造力的泉源，從中產生創新思維。但如今透過研究，我們認為還可以提出第三點，也就是不要認為科學技術可以解決所有問題。換句話說，藝術的加入可以帶來批判性的視野，引導我們深入思考科學技術的正確觀念。不論是當前正在發生的戰爭、傳染病還是資訊化社會的問題，我認為將藝術的視野融入到以技術解決問題的過程中，重新省思人類和社會的本質，將變得非常重要。

——在孩子未來的生活中，你認為 STEAM 教育將扮演什麼樣的重要角色？

在過去，由「分科教育」和「筆試測驗」所結合的教育方式是相當合理的做法。然而，現在的孩子需要學習那麼多新事物，傳統的教育制度已經不合時宜了，但這並不意味著知識變得無關緊要，而是我們應該將重點放在如何運用所學的知識，打造更美好的社會。在這樣的前提

下， STEAM 的跨學科特性，以及為了解決現代問題而跨越科目界線的特點，將顯得更加重要。另外還有一個重點，那就是當教育與解決問題緊密結合在一起時，孩子將能夠理解「學習的意義」。他們將在探究中找到「為什麼要學習這些知識」的答案，從中獲得自信。因此，我認為這兩個方向將是 STEAM 教育所扮演的重要角色。

——透過 STEAM JAPAN 的活動，我們確實感受到巨大的變化正在蠢蠢欲動。你認為家長應該如何因應這樣的變化呢？

對於教師來說，採用新的教學模式，可能就會是一項艱鉅的任務，甚至還會面臨家長的質疑，例如：「這對學生的考試和分數有幫助嗎？」家長會抱持這樣的心態，背後的原因可能是這樣的教學模式與他們過去受到的教育差異太大，進而產生不信任感。但我希望家長們能夠鼓起勇氣，擺脫質疑並仔細思考自己的成長過程中，社會環境的改變有多大，應該就能理解採用新教育模式的合理性。在日本， STEAM 教育是由政府主導和推動，然而在外國， STEAM 教育的風潮其實是來自於基層的教育單位，基於這個道理，我們應該支持那些願意嘗試新事物的熱心教師。此外，學校和家庭之間的「夥伴關係」也非常重要，不管是「因為沒辦法信任學校，所以在家中自學」，還是「反正學校會教，家長不必管」都不是良性的狀態，學校的活動和家庭的活動應該要互相刺激，才能獲得更高的成效。

——如今我們的社會和教育方式都在不斷變化，針對年幼的孩子，家庭應發揮什麼樣的機能？

不管是不是採行 STEAM 教育，激發孩子的好奇心和積極性都是教育的最大重點。具體來說，應該要讓孩子的活動更加多元，例如創造新事物、在戶外遊玩、參觀藝術館和博物館、參加工作坊等，這時候建議不要由父母單方面決定要進行的活動，而是可以尊重孩子的意願自由選擇，這是非常重要的一點。另外還有一個重點，那就是雖然學習環境相當重要，但最重要的其實是與他人的交流。父母當然是最親近孩子的交流對象，但交流對象也可以是其他孩子、鄰居、某領域的專家，或是任何人。透過提出問題，孩子可以培養出洞察力和興趣；透過與他人的交流，也可以提升孩子的社會性，因此，我們應該創造出這樣的交流循環。

山內祐平

1967年出生於日本愛媛縣。畢業於大阪大學人類科學部，並完成大阪大學研究所人類科學研究科博士前期課程的學業。曾任職茨城大學人文學部助理教授、東京大學研究所資訊學環教授等，自2014年起擔任現職。研究主題是「學習環境的創新」。著有《學習環境的創新》、《工作坊設計論》（以上暫譯）等書。

STEAM
DIY 實作圖紙

⌁⌁⌁⌁⌁⌁⌁⌁⌁⌁⌁⌁⌁⌁⌁⌁⌁⌁⌁⌁⌁⌁⌁⌁⌁⌁⌁⌁⌁⌁⌁⌁⌁⌁

■沿著虛線撕開使用。若強行拉扯可能導致破損，建議先沿著摺痕多摺
　幾次，再慢慢撕開。

■使用方法和解說請參閱 P.12～ 43。

■ DIY 實作圖紙可從右下方QR code下載，建議以雙面列印。如果無法
　雙面列印，請逐面對齊黏合。

■本DIY 實作圖紙禁止作為商業用途、修改、對外發送等行為。

⌁⌁⌁⌁⌁⌁⌁⌁⌁⌁⌁⌁⌁⌁⌁⌁⌁⌁⌁⌁⌁⌁⌁⌁⌁⌁⌁⌁⌁⌁⌁⌁⌁⌁

STEAM
DIY實作圖紙

1

使用方法和解說 ▶ P.12～13

―――――― 裁切線
- - - - - - - - - 摺線（往外摺）

圖紙 ❶
▼

圖紙 ❷
▼

圖紙 ❸
▼

圖紙 ❹
▼

黏貼處

黏貼處

黏貼處

黏貼處

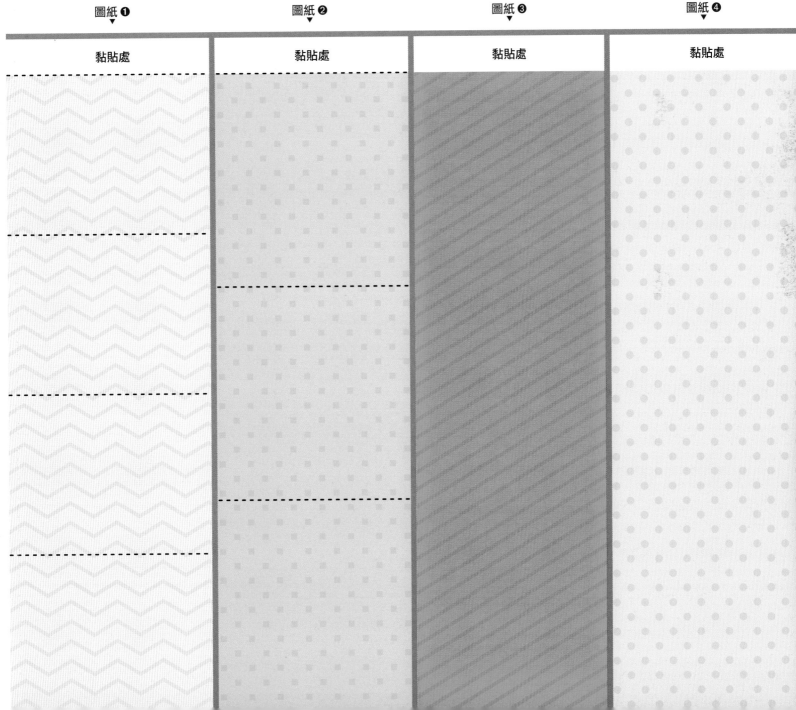

圖紙 ❹

圖紙 ❸

圖紙 ❷

圖紙 ❶

黏貼處

黏貼處

黏貼處

黏貼處

STEAM
DIY實作圖紙

使用方法和解説 ▶ P.14～15

━━━━━━ 裁切線
------------ 摺線（往外摺）
-·-·-·-·-· 摺線（往內摺）

圖紙❶

圖紙❷

圖紙❸

圖紙❹

圖紙❺

圖紙❻

STEAM
DIY實作圖紙

使用方法和解説 ▶ P.16～17

裁切線
------- 摺線

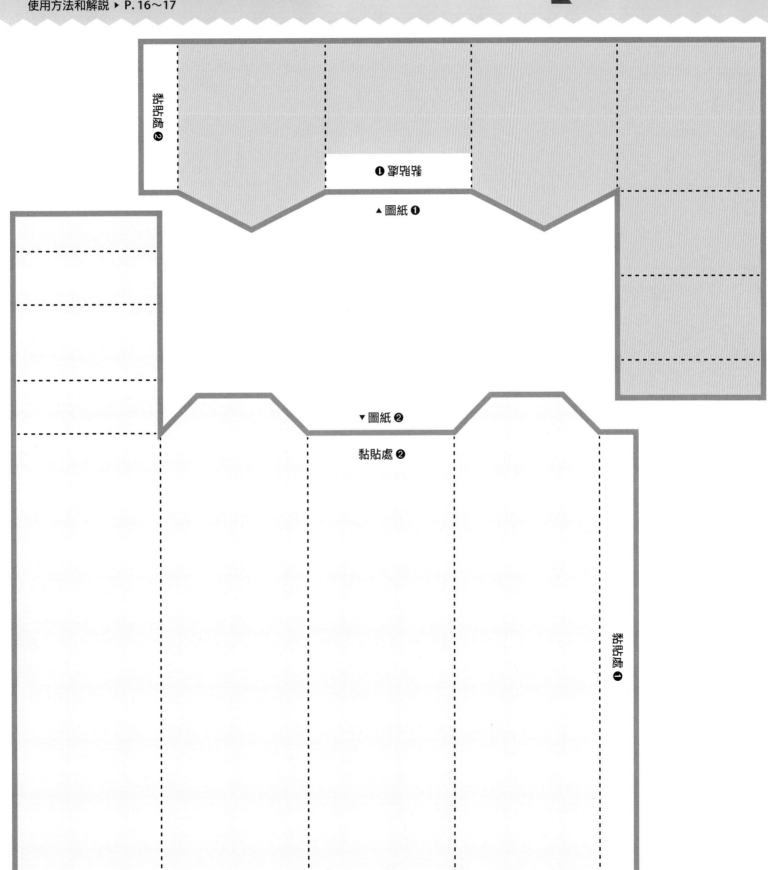

黏貼處 ❷

❶ 處貼黏

▲ 圖紙 ❶

▼ 圖紙 ❷

黏貼處 ❷

黏貼處 ❶

裁切線
摺線

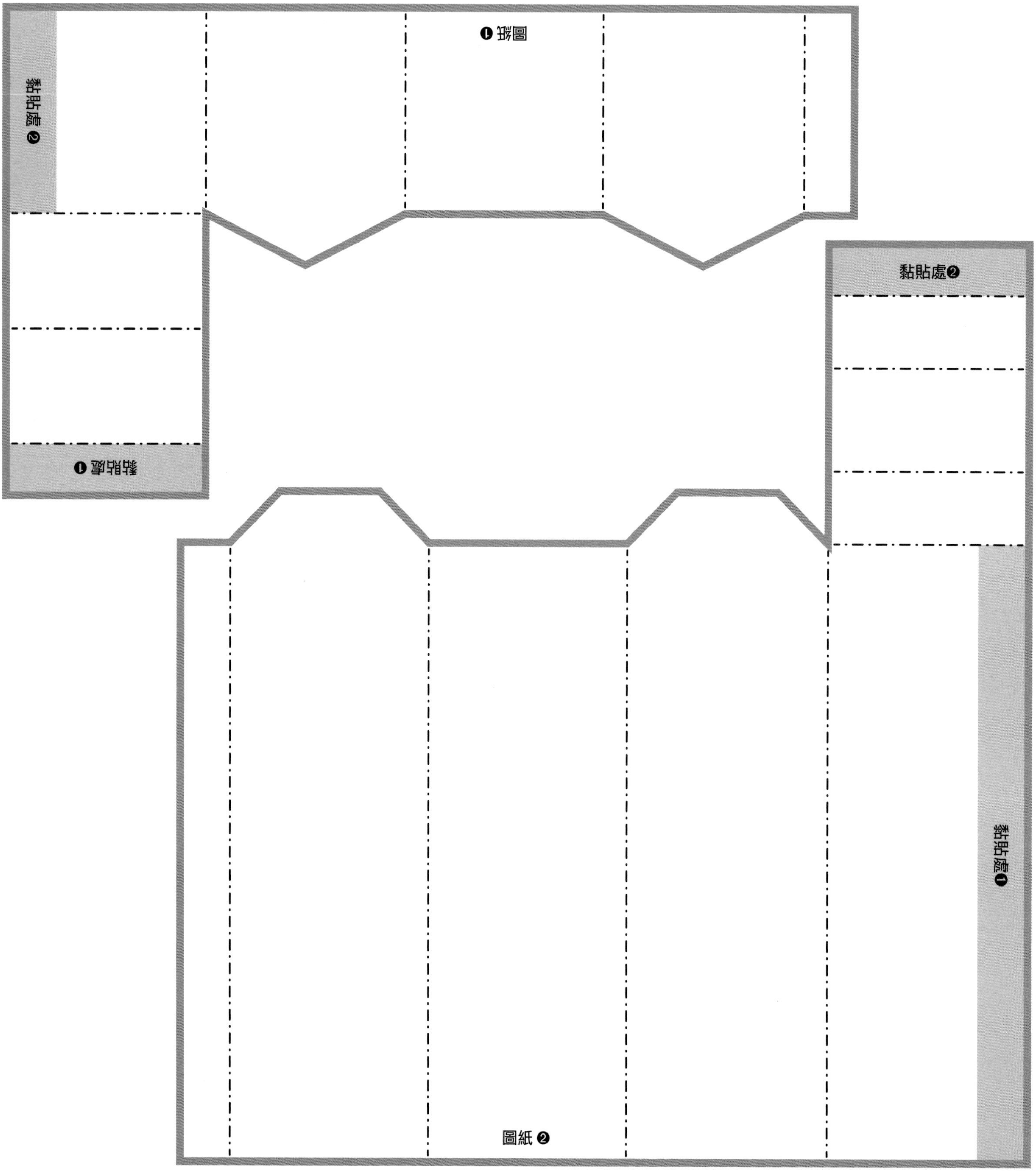

黏貼處 ❷

圖紙 ❶

黏貼處 ❶

黏貼處❷

黏貼處 ❶

圖紙 ❷

STEAM
DIY實作圖紙

使用方法和解説 ▸ P.18～19

裁切線
┄┄┄┄┄┄ 摺線

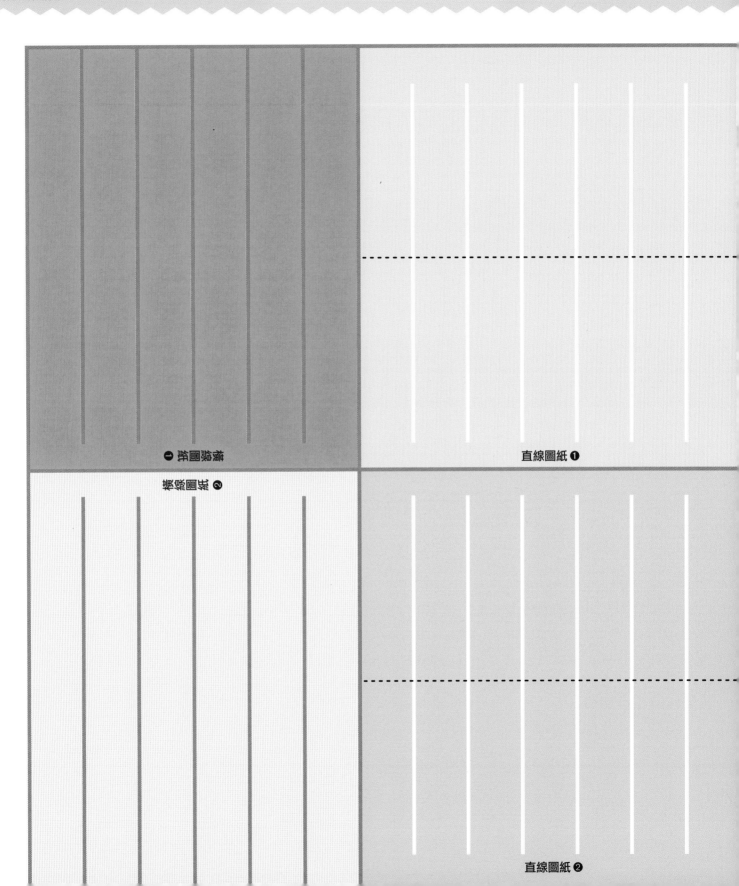

橫線圖紙 ❶

直線圖紙 ❶

橫線圖紙 ❷

直線圖紙 ❷

88

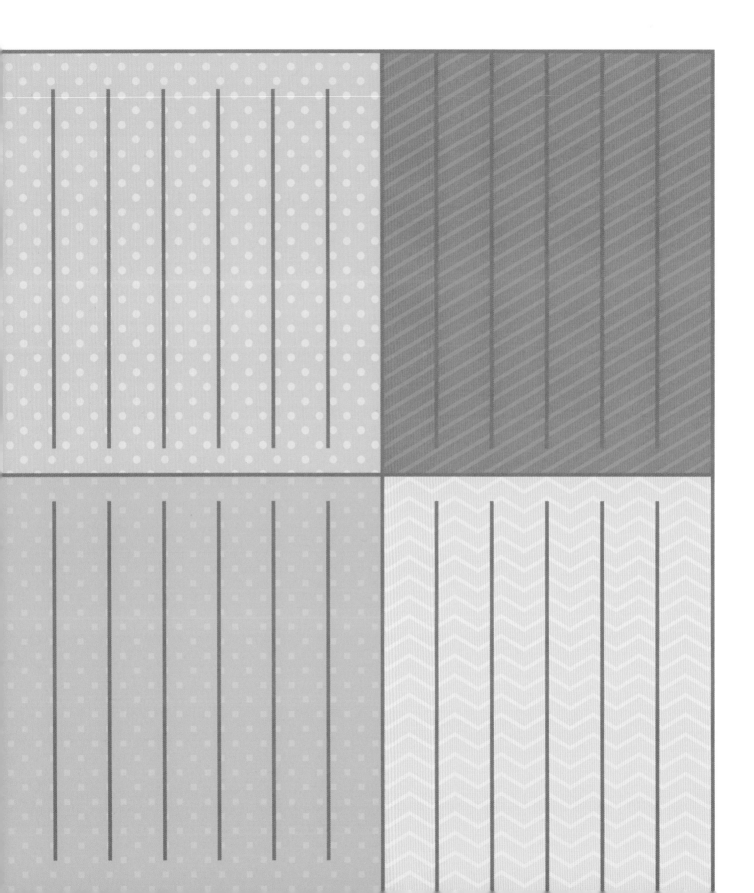

STEAM
DIY實作圖紙

裁切線

使用方法和解説 ▶ P.20～21

圖紙 ❶

蒐集顏色賓果

紅色	藍色	綠色
紫色	咖啡色	橙色
白色	黃色	粉紅色

圖紙 ❷

觸感賓果

刺刺的	滑滑的	凹凹凸凸的
黏黏的	輕飄飄的	硬梆梆的
軟綿綿的	粗粗的	溼溼的

圖紙 ❸

感官賓果

溫暖的東西	刺刺的東西	看起來像臉的東西
香味	喜歡的東西	水的聲音
鳥叫聲	冰的東西	臭味

圖紙 ❹

賓果

STEAM
DIY實作圖紙

━━━━━━━━━	裁切線
- - - - - - - - -	摺線（往外摺）
-·-·-·-·-·-	摺線（往內摺）

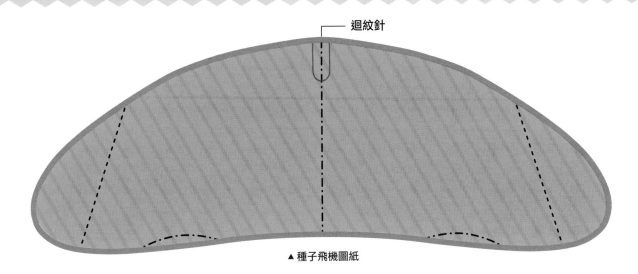

└─ 迴紋針

▲ 種子飛機圖紙

▼ 種子直升機圖紙 ❶

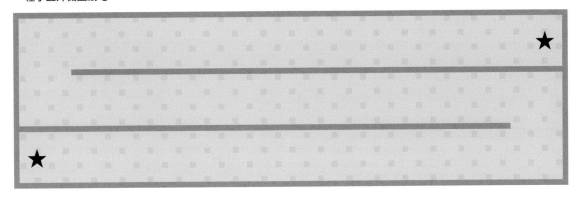

▼ 種子直升機圖紙 ❷

黏貼處 ❶　　　　　　　　　　　　　　　黏貼處 ❶　黏貼處 ❷　　　　　　　　　　　　　　黏貼處 ❷

▼ 種子直升機圖紙 ❸

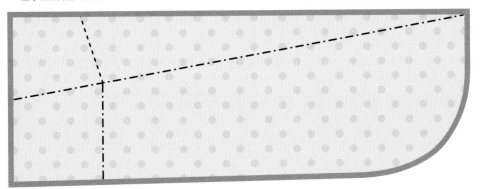

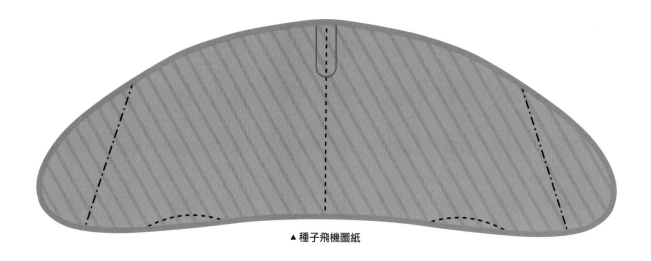

▲ 種子飛機圖紙

▼ 種子直升機圖紙 ❶

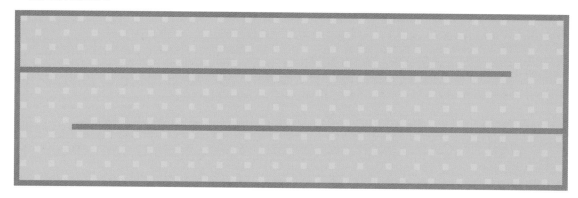

▼ 種子直升機圖紙 ❷

▼ 種子直升機圖紙 ❸

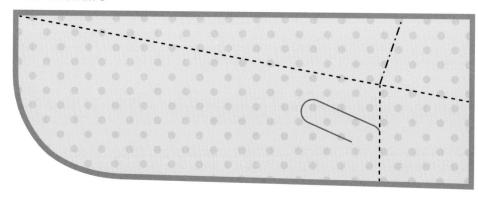

的
樹葉圖鑑

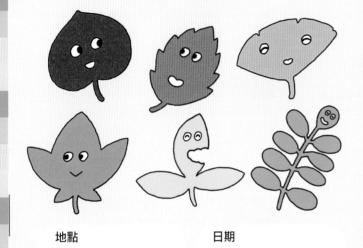

地點　　　　　　日期

❷

❹　　　　　　　　裁切線　　　　　　❻

❸

❶

名字

❺

STEAM
DIY實作圖紙

8

──────── 裁切線

使用方法和解説 ▶ P. 26～27

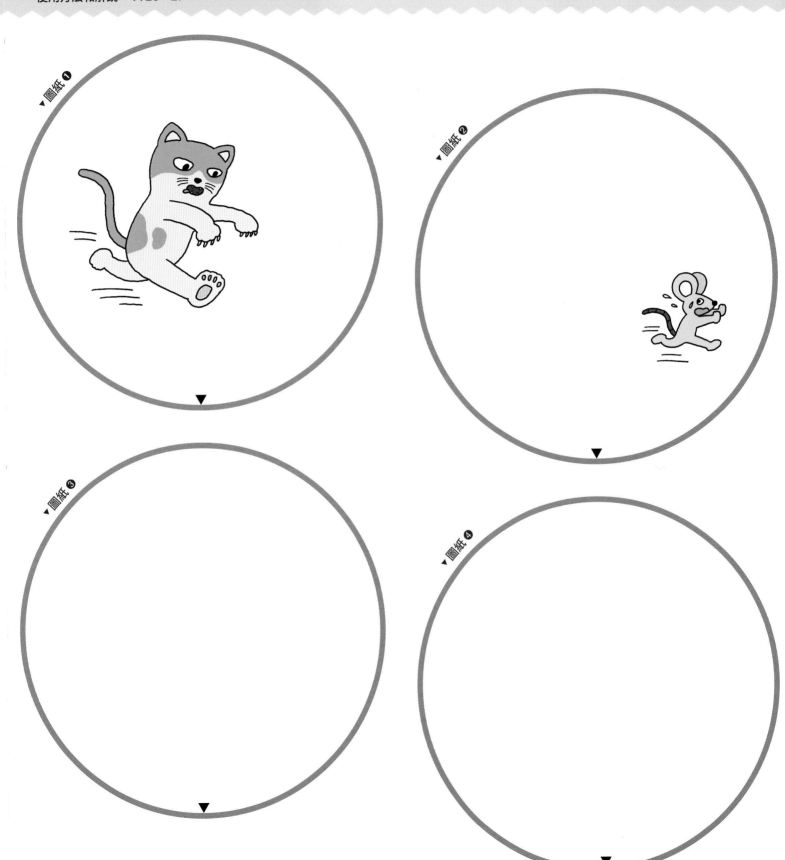

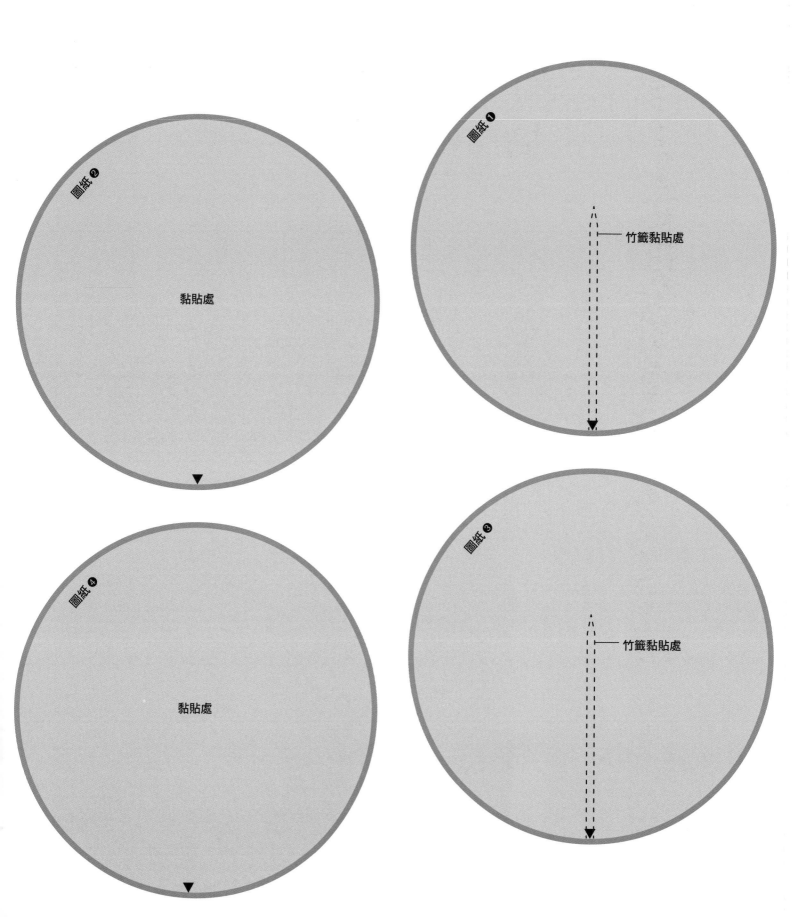

STEAM
DIY實作圖紙

裁切線

使用方法和解說 ▶ P.28～29

▼圖紙 ❶	▼圖紙 ❷	▼圖紙 ❸	▼圖紙 ❹	▼圖紙 ❺	▼圖紙 ❻
黏貼處	黏貼處		黏貼處	黏貼處 ❶	黏貼處 ❷

黏貼處 ❸

| 黏貼處 | 黏貼處 | 黏貼處 | 黏貼處 | 黏貼處 ❶ | 黏貼處 ❷ |

98

圖紙 ❻

圖紙 ❺

圖紙 ❹

黏貼處

圖紙 ❸

圖紙 ❷

圖紙 ❶

黏貼處 ❸

裁切線

使用方法和解說 ▶ P.30～31

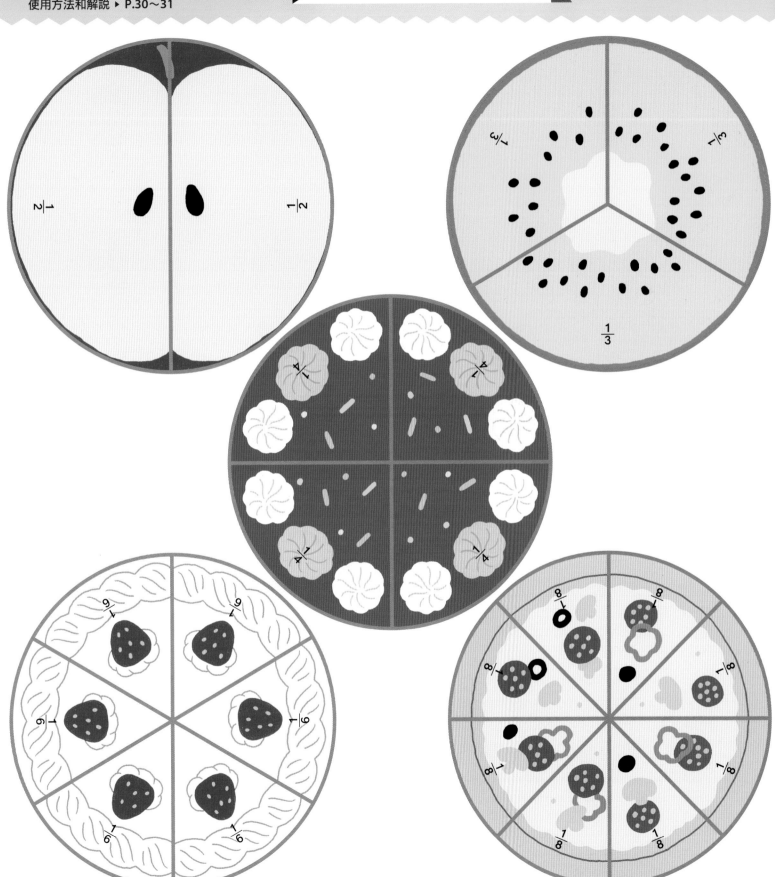

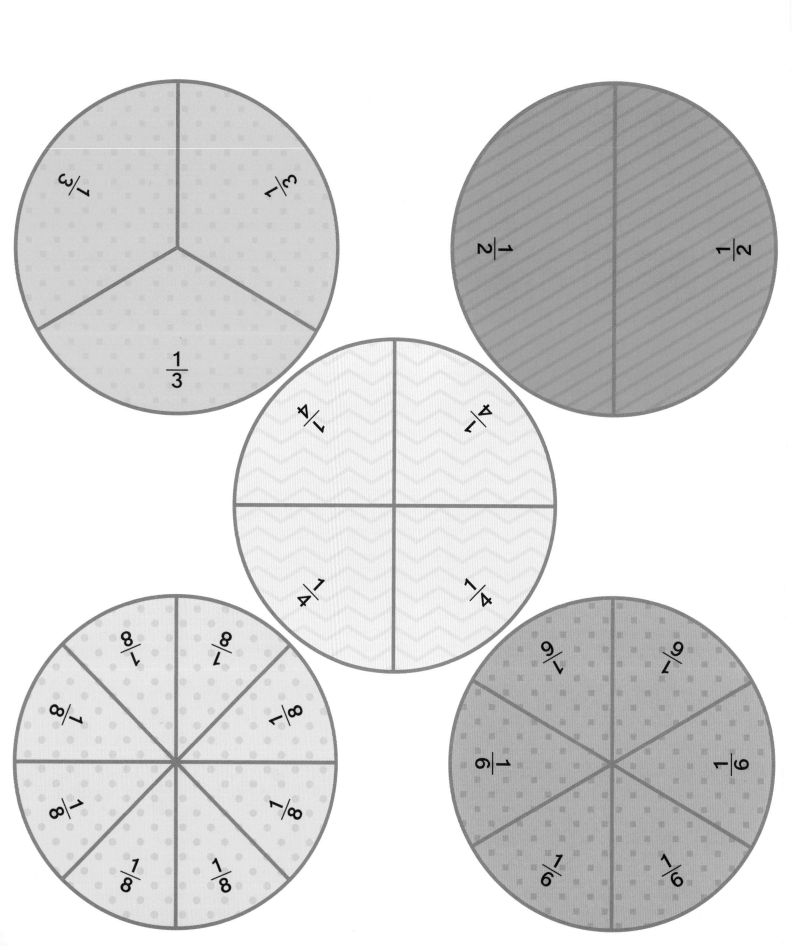

STEAM
DIY實作圖紙

11

使用方法和解説 ▶ P.32～33

圖紙 ❶

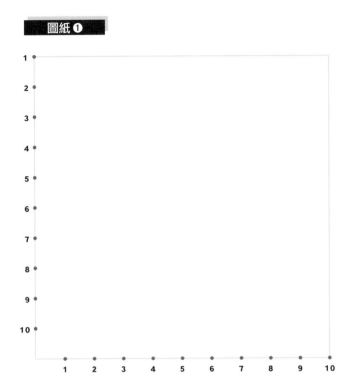

圖紙 ❷

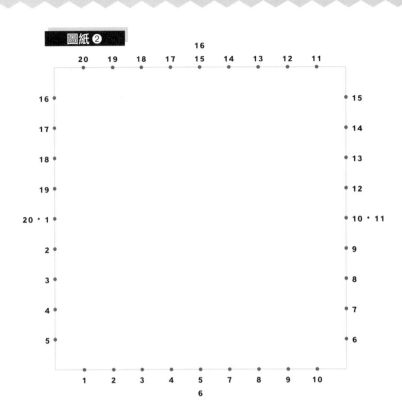

圖紙 ❸

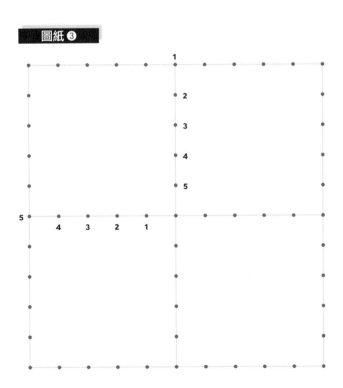

圖紙 ❹

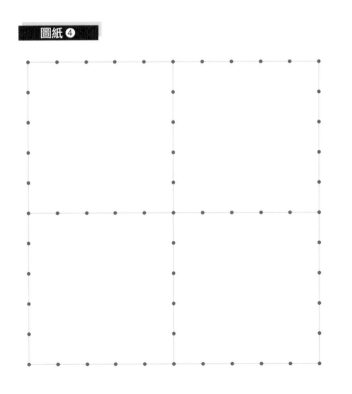

STEAM
DIY實作圖紙

使用方法和解説 ▶ P.34～35

裁切線

裁切線

摺線（往外摺）

摺線（往內摺）

miura-ori ™
© Koryo Miura 1978 Inoue General Print Co.,Ltd.

STEAM
DIY實作圖紙

裁切線

使用方法和解説 ▶ P.38～39

▼硬幣

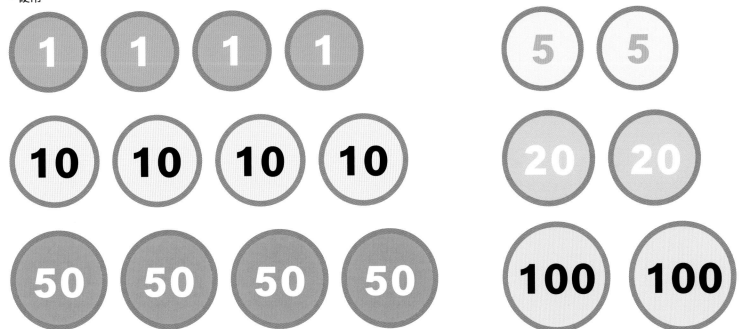

▼紙鈔

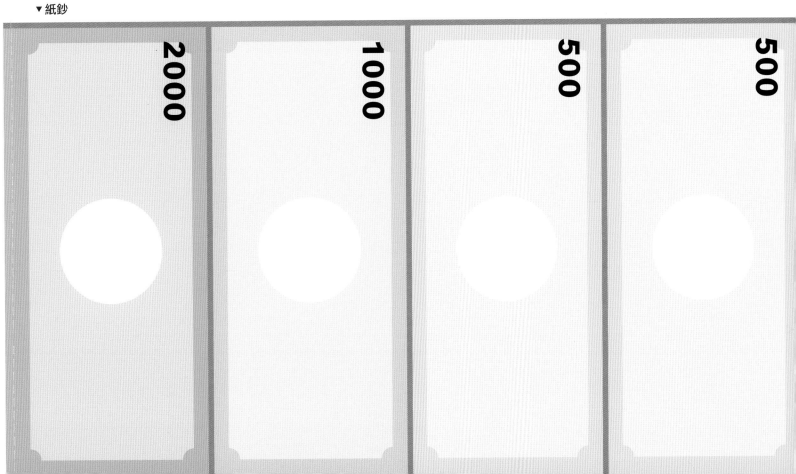

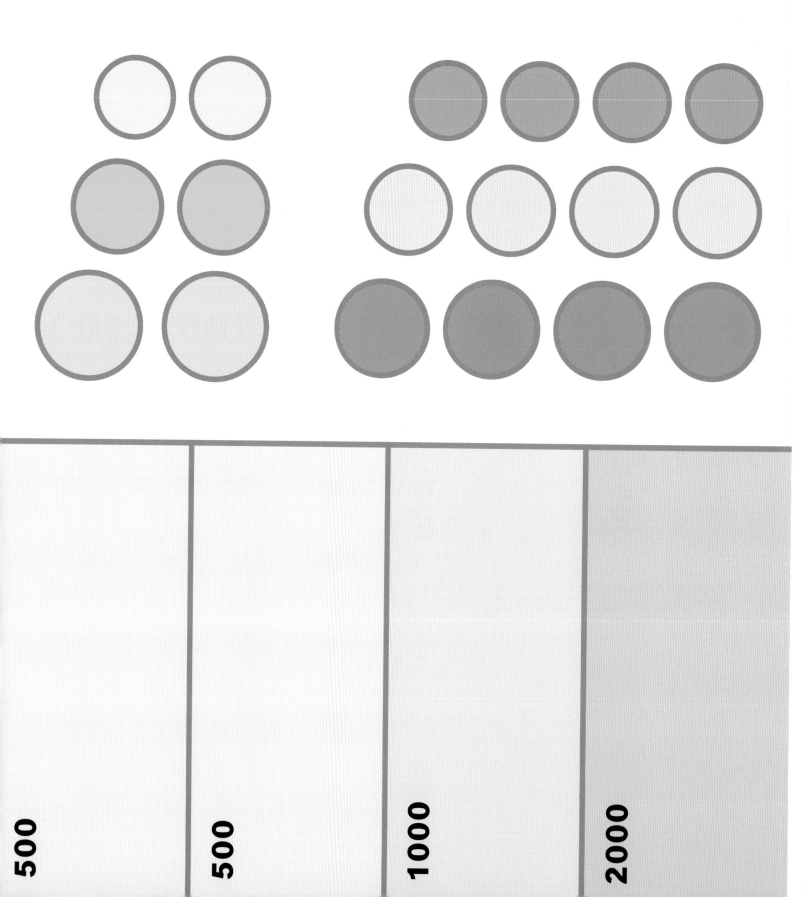

500

500

1000

2000

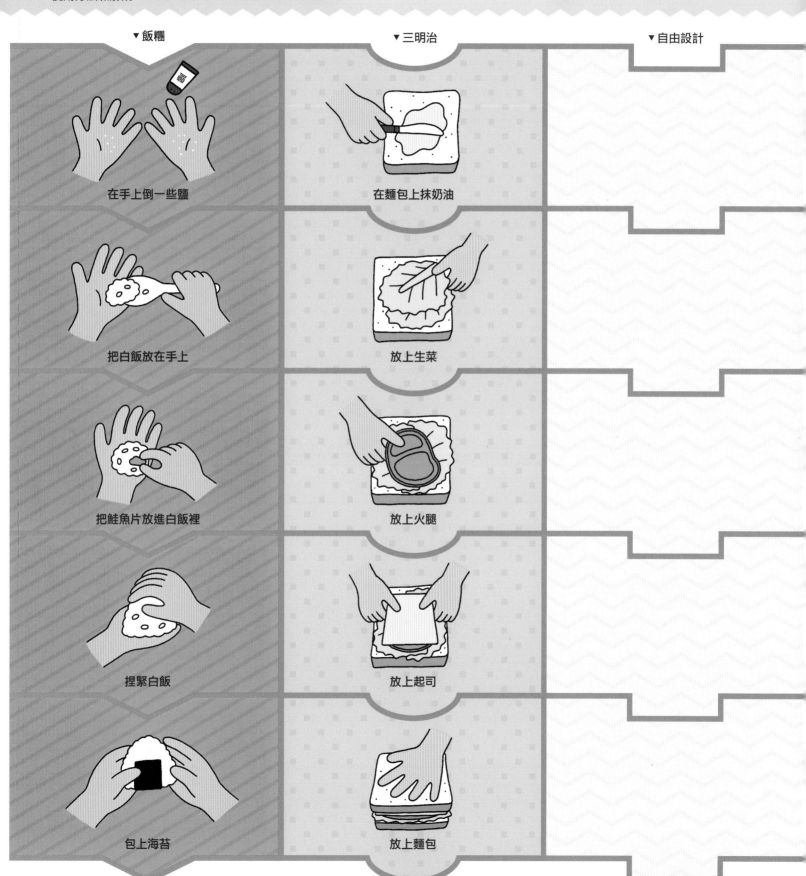

▼飯糰　　　　　　　　▼三明治　　　　　　　　▼自由設計

在手上倒一些鹽　　　　在麵包上抹奶油

把白飯放在手上　　　　放上生菜

把鮭魚片放進白飯裡　　放上火腿

捏緊白飯　　　　　　　放上起司

包上海苔　　　　　　　放上麵包

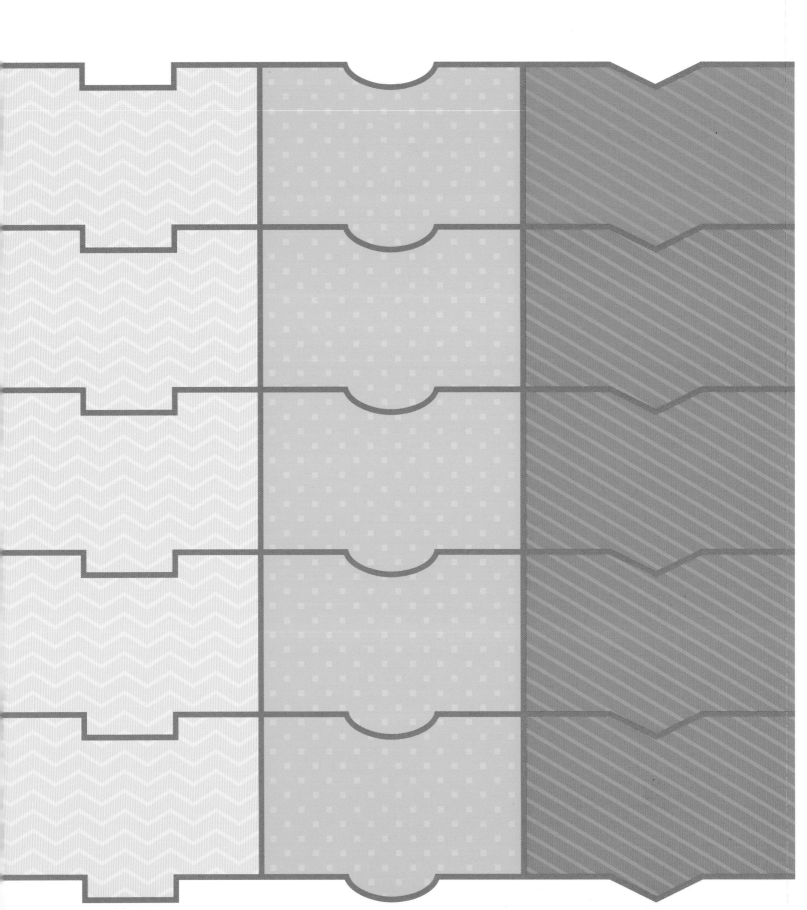

使用方法和解說 ▶ P.42～43

暗號表 ❶

0	9	8	7	6	5	4	3	2	1	
.	y	v	s	p	m	j	g	d	a	1
?	z	w	t	q	n	k	h	e	b	2
!	,	x	u	r	o	l	i	f	c	3

例：k→42／s→71

暗號卡片 ❶

給 _____

第一個字	第二個字	第三個字	第四個字	第五個字	第六個字	第七個字	第八個字
☐ ☐	☐ ☐	☐ ☐	☐ ☐	☐ ☐	☐ ☐	☐ ☐	☐ ☐

＊使用暗號表❶解讀。

_____ 敬上

暗號表 ❷

0000	1001	1000	0111	0110	0101	0100	0011	0010	0001	
.	y	v	s	p	M	j	g	d	a	0001
?	z	w	t	q	N	k	h	e	b	0010
!	,	x	u	r	o	l	i	f	c	0011

＊使用暗號表❶解讀。

暗號卡片 ❷

第一個字	
第二個字	
第三個字	
第四個字	
第五個字	

給 _____

＊使用暗號表❷解讀。

_____ 敬上

＊參考文獻＊

Awesome Physics Experiments for Kids/Awesome Science Experiments for Kids/Awesome Engineering Activities for Kids (Rockridge Press)、Sergei Urban, TheDadLab (BLINK Publishing)、Robert Winston, Steve Setford, and Trent Kirkpatrick, Science Squad Explains (DK Children)、Science Scribble Book/Technology Scribble Book/Engineering Scribble Book/Maths Scribble Book (Usborne Publishing)、川村康文・小林尚美《園児と楽しむ はじめてのおもしろ実験12ヵ月》（風鳴舍）等。

閱讀與探索

STEAM跨領域實作課：自主學習創新思維

編著：STEAM JAPAN編輯部｜插畫：角裕美｜翻譯：李彥樺｜審訂：李璿、胡裕仁

總編輯：鄭如瑤｜主編：陳玉娥｜責任編輯：韓良慧｜美術編輯：黃淑雅｜行銷副理：塗幸儀｜行銷企畫：許博雅

出版：小熊出版／遠足文化事業股份有限公司

發行：遠足文化事業股份有限公司（讀書共和國出版集團）｜地址：231 新北市新店區民權路 108-3 號 6 樓

電話：02-22181417｜傳真：02-86672166｜劃撥帳號：19504465｜戶名：遠足文化事業股份有限公司

Facebook：小熊出版｜E-mail：littlebear@bookrep.com.tw

讀書共和國出版集團網路書店：www.bookrep.com.tw｜客服專線：0800-221029｜客服信箱：service@bookrep.com.tw

團體訂購請洽業務部：02-22181417 分機 1124｜法律顧問：華洋法律事務所／蘇文生律師｜印製：凱林彩印股份有限公司

初版一刷：2023 年 12 月｜定價：480 元｜書號：0BNP0064

ISBN：978-626-7361-31-3

WAKUWAKU！KANTAN！OUCHI STEAM edited by STEAM JAPAN HENSHUBU

Copyright © 2022 STEAM JAPAN & Kumon Publishing Co., Ltd. All rights reserved.

Original Japanese edition published by Kumon Publishing Co., Ltd.

This Traditional Chinese edition is published by arrangement with Kumon Publishing Co., Ltd,

Tokyo in care of Tuttle-Mori Agency, Inc., Tokyo through Future View Technology Ltd., Taipei.

國家圖書館出版品預行編目(CIP)資料

STEAM跨領域實作課：自主學習創新思維/STEAM JAPAN編輯部編著；角裕美插畫；李彥樺翻譯. -- 初版. -- 新北市：小熊出版：遠足文化事業股份有限公司發行，2023.12；112面；22.9×26公分 -- (閱讀與探索)

ISBN 978-626-7361-31-3 (平裝)

1.CST: 科學教育　2.CST: 科學實驗

303.4　　　　　　　　　　　　112014707

小熊出版官方網頁　　小熊出版讀者回函

STEAM
實驗記錄本

名字

➡ 請稍用力取下這本實驗記錄本使用，
勿連同藍色頁面一起撕下，以免損壞。

實驗記錄本的使用方式

請搭配第 2 章和第 3 章的實驗活動使用，
把你的大發現全部寫下來吧！

給家長的話

◆ 此記錄本對應本書第 2 章和第 3 章（活動17 ～ 30 ）的實驗。

◆ 挑戰各活動的時候，請記得打開記錄本。以下是建議填入的內容。
　·進行活動之前，記錄自己的設計、創意、想法和點子。
　·進行活動期間，記錄結果和發現。
　·活動結束之後，記錄回顧的心得和感想。

◆ 記錄的方式不見得必須依照各頁所指定的方法。建議讓孩子自由「創作」，不管
　是畫圖、寫字或是貼照片，都是很好的做法，也可以貼上活動中的完成作品。

◆ 如果孩子不想使用記錄本，或是還沒有能力自行書寫，也可以由家長來寫。家長
　可以寫下觀察孩子進行活動的感想，或是寫下孩子的發言、行為和變化，這也是
　一種記錄孩子成長的方式。

◆ 最重要的是不要強迫孩子，家長需要做的事情，只是與孩子同樂。活動沒有正確
　答案，所以在進行活動的過程中，可自由使用此記錄本。

各種顏色的泡泡，在你的眼裡看起來像什麼？
不管是什麼都可以，把你心中所想到的畫成圖畫吧！

好想在泡泡裡玩耍！

出現了什麼顏色？

將有顏色的醋與油混合後，
容器裡變成什麼狀態？
試著畫出來吧！

加入小蘇打粉後，
容器裡變成什麼狀態？
試著畫出來吧！

用牛奶製成的塑膠

你想用牛奶塑膠製作出什麼東西？
先把設計圖畫出來吧！
也可以畫下你做出來的成品喔！

可以在上面穿一條繩子！

要加上什麼顏色呢？

把牛奶塑膠和一般塑膠一起埋進土裡吧！
觀察看看，經過一個星期、兩個星期……會有什麼不同呢？

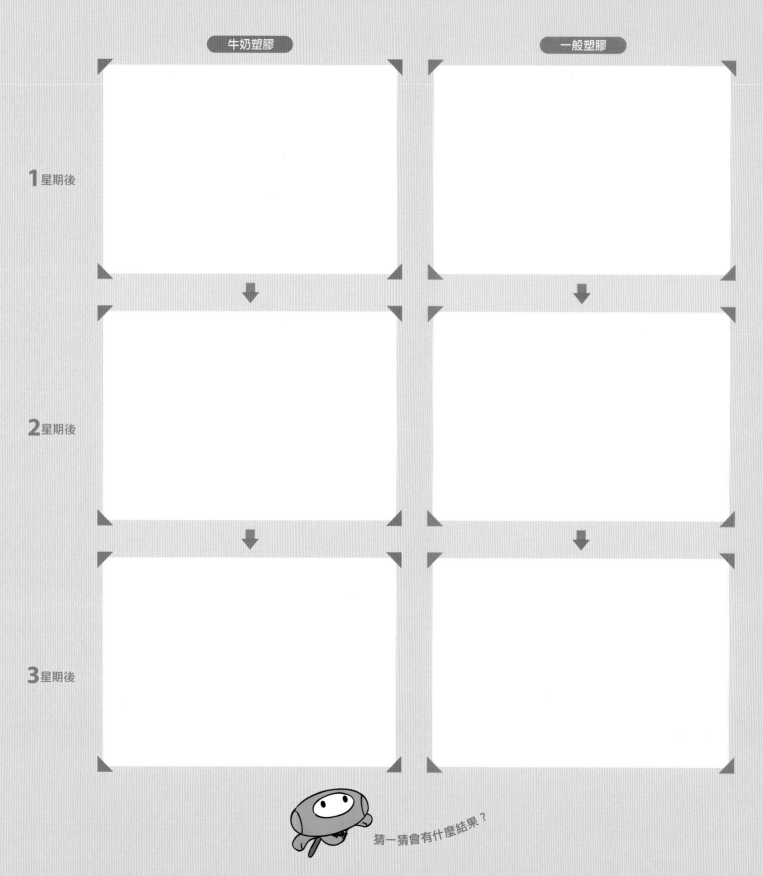

猜一猜會有什麼結果？

神奇彩虹橋

出現了什麼樣的彩虹？在 ⬤ 裡塗上顏色吧！

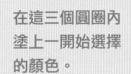

在這三個圓圈內
塗上一開始選擇
的顏色。

有出現美麗的彩虹嗎？

7

將花朵和蔬菜染成各種顏色

花朵和蔬菜吸了有顏色的水，會發生什麼變化？
可以畫出來或是貼上照片！

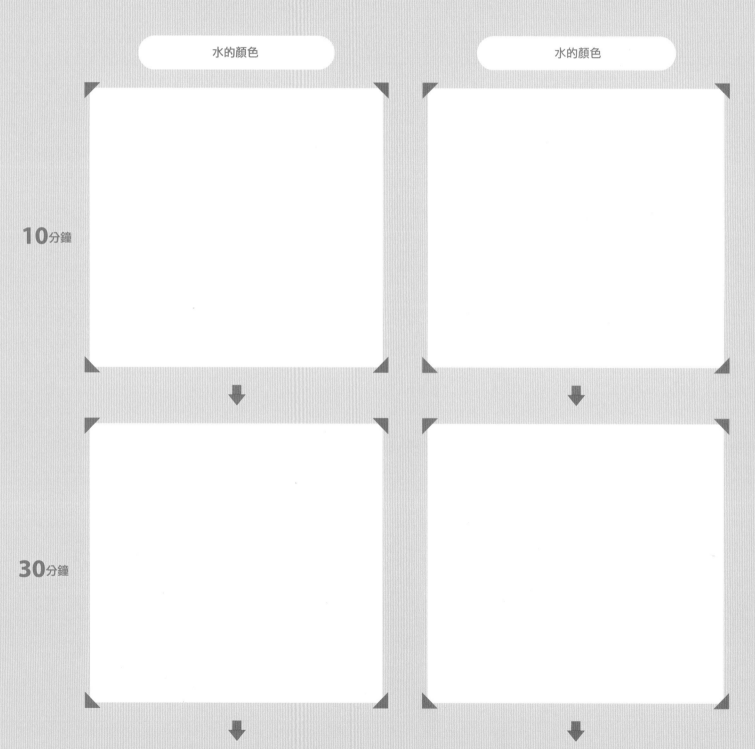

水的顏色

水的顏色

10分鐘

30分鐘

2小時

1天

花朵的顏色改變後，把莖
剪下來觀察看看！

用放大鏡觀察剪斷的地方並畫下來。

光影遊戲

把STEP1製作好的紙片立在這裡，
用手電筒的光照射，然後用鉛筆描出影子。
如果移動手電筒，影子會有什麼變化？
多描幾次看看吧！

在STEP4
使用手邊的物品製造影子。
如果成功製造出
很特別的影子，
可以在這裡畫出來喔！

在STEP6
以不同顏色的燈光照射，
影子會變成什麼樣子？

你想在水中看到什麼圖畫或文字呢？

先把設計圖畫在這裡吧！

接下來就依照設計圖想一想，上面和下面的紙上分別要畫什麼。

想畫出什麼圖畫呢？

畫在上面的圖

畫在下面的圖

水果船漂漂池

做完水果船的實驗之後，
分別畫出浮在水上的船，以及沉到水下的船。
結果是否如同你的預測？

用廣告單和雜誌做出樂器

你想要怎麼裝飾你的樂器？
可以塗上顏色，也可以畫上可愛的圖案喔！

一定會發出很有趣的聲音！

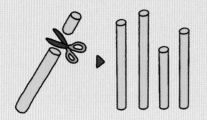

如果把圓筒剪短，聲音會有什麼變化？
把你的預測和最後的結果寫下來吧！

預測

結果

用什麼方式演奏，
發出的聲音最好聽？

你想做出什麼形狀？

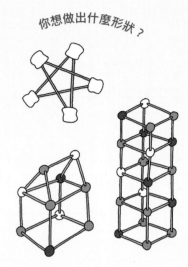

為最喜歡的作品拍張
照片，貼在這裡吧！

在家裡打造紅外線迷宮

把家裡布置成紅外線迷宮之後，
將家人的挑戰結果記錄在這裡！

名字	第1次	第2次
（例）爸爸	腳勾到了！	成功了！

成功抵達終點了？　　還是碰到繩子了？

蓋出最高的報紙塔

你會做出什麼造型的報紙塔呢？
把你特別設計的形狀畫在這裡吧！
接著測量高度，記錄在下方。

高度　　　　　公尺　　　　　　公分

如果想到更好的方法，可以再試一次！

你想到了什麼方法，可以不用碰到玩具車，
就讓它自行前進呢？在這裡畫出來吧！

任何點子都可以試試看！

結果順不順利？
想一想，順利或不順利的理由是什麼？

 如果想到更好的點子，就寫在這裡！

把你想到的方法畫出來吧！

要怎麼做，才能保護雞蛋不會破掉？

把雞蛋往下丟，雞蛋有沒有破掉？
想一想，雞蛋沒破或是破掉的理由是什麼？

 如果想到更好的點子，就寫在這裡！

MEMO

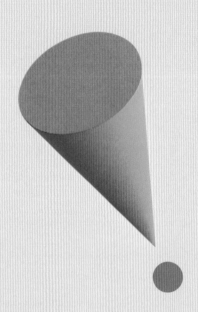